高职高专"十二五"规划教材

化学与生活

李志松　田伟军　主　编
唐淑贞　周　静　胡彩玲　副主编
童孟良　主审

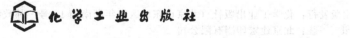

·北京·

本书以化学知识为主线,以日常生活为载体,通过介绍化学在生活中的应用,来增加读者的化学知识和培养对化学的兴趣。本书主要内容包括化学的发展、化学与能源、化学与环境、化学与材料、化学与食品、化学与日常生活、绿色化学与清洁生产等。本书的主要特点是具有新颖性和实用性,介绍了有关新材料、新能源汽车、雾霾等当下的热点内容。

本书可作为高等学校的通识教材和青年朋友的科普读物。

图书在版编目(CIP)数据

化学与生活/李志松,田伟军主编.—北京:化学工业出版社,2015.9(2023.2重印)
高职高专"十二五"规划教材
ISBN 978-7-122-24681-3

Ⅰ.①化… Ⅱ.①李…②田… Ⅲ.①化学-高等职业教育-教材 Ⅳ.①O6

中国版本图书馆 CIP 数据核字(2015)第 165894 号

责任编辑:旷英姿　　　　　　　　　　文字编辑:向　东
责任校对:边　涛　　　　　　　　　　装帧设计:王晓宇

出版发行:化学工业出版社(北京市东城区青年湖南街13号　邮政编码100011)
印　　装:北京建宏印刷有限公司
787mm×1092mm　1/16　印张10　字数222千字　2023年2月北京第1版第3次印刷

购书咨询:010-64518888　　　　　　售后服务:010-64518899
网　　址:http://www.cip.com.cn
凡购买本书,如有缺损质量问题,本社销售中心负责调换。

定　价:35.00元　　　　　　　　　　　　　　　　　　　　版权所有　违者必究

前言 FOREWORD

化学是一门古老的科学，从人类学会用火开始，就没有离开过化学。化学的每一次重大突破都对人类社会的进步产生了深远的影响。今天，我们的日常生活更是离不开化学，同时我们也从日常生活中学会了很多的化学知识。

本书以化学知识为主线，以日常生活为载体，通过介绍化学在生活中的应用，来增加读者的化学知识和培养读者对化学的兴趣。本书主要内容包括化学的发展、化学与能源、化学与环境、化学与材料、化学与食品、化学与日常生活、绿色化学与清洁生产等。

本书的主要特点是具有新颖性和实用性，介绍了有关新材料、新能源汽车、雾霾等当下的热点内容。

本书可作为高等学校的通识教材和青年朋友的科普读物。

本书在编写的过程中，参阅和引用了很多的参考文献和资料，在此谨向这些参考文献和资料的作者表示诚挚的感谢。

本书由李志松、田伟军主编，唐淑贞、周静、胡彩玲副主编，童孟良主审。其中第2~4章由李志松编写，第1、第5、第7章由田伟军编写，第6章由唐淑贞、周静、胡彩玲编写，参加编写的还有谢桂容、魏义兰、江金龙、唐新军等。

由于本书内容涉及面广，加之作者水平有限，在编写的过程中可能存在一些不妥之处，敬请各位专家学者批评指正。

编者
2015 年 6 月

第1章	化学的发展 …………………………………………………… 1
1.1	化学的发展历史 ………………………………………………… 2
1.1.1	古代实用化学时期 ……………………………………………… 2
1.1.2	近代化学时期 …………………………………………………… 3
1.1.3	现代化学时期 …………………………………………………… 4
1.2	化学研究的分支学科 …………………………………………… 4
1.2.1	无机化学 ………………………………………………………… 4
1.2.2	有机化学 ………………………………………………………… 5
1.2.3	高分子化学 ……………………………………………………… 6
1.2.4	分析化学 ………………………………………………………… 6
1.2.5	物理化学 ………………………………………………………… 7

第2章	化学与能源 …………………………………………………… 8
2.1	能源概述 ………………………………………………………… 9
2.1.1	能源的分类 ……………………………………………………… 9
2.1.2	世界油气储量及我国能源消费概况 …………………………… 10
2.2	煤 ………………………………………………………………… 11
2.2.1	煤的形成与化学成分 …………………………………………… 11
2.2.2	煤化工 …………………………………………………………… 13
2.3	石油与天然气 …………………………………………………… 15
2.3.1	石油的开采 ……………………………………………………… 16
2.3.2	石油的炼制 ……………………………………………………… 16
2.3.3	天然气加工 ……………………………………………………… 18
2.4	化学电源 ………………………………………………………… 19
2.4.1	电池概述 ………………………………………………………… 19
2.4.2	原电池 …………………………………………………………… 20
2.4.3	蓄电池 …………………………………………………………… 21
2.4.4	储备电池 ………………………………………………………… 23
2.4.5	燃料电池 ………………………………………………………… 24

2.5	核能	25
2.5.1	核能利用的历史	25
2.5.2	核裂变能源	26
2.5.3	核聚变	28
2.5.4	核能利用的意义	28
2.5.5	我国核能利用	29
2.5.6	核能利用不能回避的问题	30
2.6	氢能	31
2.6.1	氢的制备	31
2.6.2	氢的输送与储存	33
2.6.3	氢化学能的利用	34
2.7	太阳能	35
2.7.1	太阳能	35
2.7.2	太阳能的利用	35
2.8	生物质能	36
2.8.1	光合作用	37
2.8.2	直接燃烧技术	37
2.8.3	沼气技术	38
2.8.4	气化技术	38
2.8.5	液化技术	39

第3章 化学与环境 ···················· 41

3.1	环境问题概述	42
3.1.1	环境问题的发展	42
3.1.2	环境面临的挑战	44
3.2	水污染	48
3.2.1	世界水资源状况	49
3.2.2	我国的水资源状况	49
3.2.3	水体污染的来源	50
3.2.4	废水处理方法	54
3.3	大气污染	56
3.3.1	大气圈概况	56
3.3.2	空气污染	57
3.3.3	大气污染物的来源	60
3.3.4	我国大气污染的主要特征	62
3.4	土壤污染	64

第4章 化学与材料 ···················· 66

| 4.1 | 材料的发展简史及分类 | 67 |

	4.2	材料的组成、结构和性能	68
	4.2.1	材料的组成和性能	68
	4.2.2	化学键类型与材料性能	68
	4.2.3	晶体结构和性能	69
	4.3	金属材料	70
	4.3.1	金属概述	70
	4.3.2	合金	72
	4.4	无机非金属材料	75
	4.4.1	玻璃	76
	4.4.2	水泥	76
	4.4.3	陶瓷	77
	4.4.4	光导纤维	79
	4.4.5	传感材料	79
	4.5	高分子材料	80
	4.5.1	高分子的定义、基本概念及分类	80
	4.5.2	功能高分子材料	83
	4.6	复合材料	87

第5章 化学与食品 90

	5.1	六大营养素	91
	5.1.1	水	91
	5.1.2	无机盐	91
	5.1.3	脂类	97
	5.1.4	蛋白质	99
	5.1.5	糖类	101
	5.1.6	维生素	103
	5.2	各类食物	105
	5.3	食品添加剂	106
	5.3.1	食用色素	107
	5.3.2	调味品	107
	5.3.3	食品防腐剂	108
	5.3.4	非法食品添加剂	109
	5.4	食品安全	110
	5.4.1	食品污染及预防	110
	5.4.2	食品添加剂	111
	5.4.3	转基因食品	111

第6章 化学与日常生活 112

| | 6.1 | 洗涤用品 | 113 |

6.1.1	表面活性剂的基本性质	114
6.1.2	洗涤助剂	116
6.2	化妆品	119
6.2.1	皮肤用化妆品	119
6.2.2	洁发、护发、美发用化妆品	121
6.3	服装	123
6.3.1	服装面料	123
6.3.2	服装中常见的有害物质及防护	126
6.3.3	服装的洗涤	127

第7章 绿色化学与清洁生产 … 132

7.1	绿色化学	133
7.1.1	绿色化学的定义	134
7.1.2	绿色化学的特点	135
7.1.3	绿色化学的手段	136
7.1.4	绿色化学对社会的影响	137
7.2	清洁生产	140
7.2.1	清洁生产的由来	140
7.2.2	清洁生产的定义	140
7.2.3	清洁生产特点	141
7.2.4	清洁生产的意义	141
7.2.5	清洁生产审核	141
7.3	生态工业	142
7.3.1	生态工业的提出	142
7.3.2	生态工业对社会的影响	143
7.3.3	生态工业的前景	144
7.4	循环经济	144
7.4.1	循环经济的基本特征	144
7.4.2	关于循环经济的思考	145
7.4.3	根据国情，发展有中国特色的循环经济	146
7.4.4	循环经济的立法	147
7.5	清洁生产和循环经济	148

参考文献 … 150

Chapter 01

第 1 章
化学的发展

1.1 化学的发展历史

1.2 化学研究的分支学科

人类发展伊始便与化学结下了不解之缘。用火烧煮食物、烧制陶器、冶炼青铜器和铁器等都离不开化学。今天，化学作为一门基础学科，在科学技术和人类生活的方方面面正发挥着越来越大的作用。

1.1 化学的发展历史

从古至今，伴随着人类社会的进步，人们基本认为化学的发展经历了古代实用化学时期（公元前3世纪到18世纪中期）、近代化学时期（18世纪后期至19世纪末）和现代化学时期（20世纪以来）3个阶段。

1.1.1 古代实用化学时期

学会用火是人类最早也是最伟大的化学实践之一。钻木取火，使人类第一次支配了一种除自身的体力（生物能）以外的强大的自然能源，为实现一系列化学变化提供了必要条件，获得了改造自然的有力手段。有了火的帮助，原始人类改善了生活条件，告别了茹毛饮血的生活，获得了照明、驱寒、御敌的有效手段。有了火的帮助，人们才开始运用储藏在煤、石油、天然气中的能源，开始烧制陶瓷、冶炼金属，人为地使各种天然物质发生变化，制备新的材料。

在大约距今1万年前，我国出现了烧制陶器的窑，我国也成为最早生产和使用陶器的国家。制陶的基本原料是黏土，黏土的主要成分是 SiO_2、Al_2O_3、$CaCO_3$ 和 MgO 等。在烧制过程中，这些成分会发生一系列的化学变化，使获得的陶器具备了坚硬、防水的特性。陶器很快成为定居下来从事农业生产的氏族不可缺少的生产、生活工具。

约公元前3800年，伊朗开始用孔雀石和木炭混合加热，以获得金属铜。到公元前3000~2500年，除了炼铜之外，人类又炼出了锡和铅等金属。人们很快发现，由这些金属制备的合金比单一的金属更有利用价值。如铜锡合金（青铜），硬度更高，而熔点相对较低，更适合制造工具和兵器。在我国，炼铜工艺的出现虽然略迟于中东地区，但工艺发展极其迅速，在青铜器的铸造工艺上取得了很大的成就，殷朝前期制备的"后母戊"鼎是世界上最大的出土青铜器，战国时期的铜编钟更是古代乐器的伟大创造。青铜器的出现，推动了当时农业、金融、艺术、军事等各方面的发展，把人类文明又向前推进了一步。

大约从公元前2世纪到16世纪，世界多国先后兴起过炼丹术和炼金术。我国的炼丹家渴望获得使人成仙或长生不老的灵丹妙药，西方的炼金士则想要点石成金，梦想用某种手段把铜、锡、铅、铁等普通金属转变为金、银等贵金属。虽然他们并没有达到自己的目的，但是他们的努力并没有白费，他们的实践极大地促进了古代实用化学的发展。首先，他们制取了一批新的物质，如我国古代四大发明之一的黑火药，就是炼丹过程中得到的一种副产物。黑火药的主要成分是硝石（硝酸钾）、硫黄、木炭三者粉末的混合物。其次，古代的炼丹家们在炼丹过程中写下了大量著作，总结了一些化学反应的规律，为化学学科的建立积累了丰富的经验。例如，我国历史上最具代表性的炼丹家葛洪，在其著作《抱朴子》中提到："变化者，乃天地之自然，何嫌金银之不可以异物作乎"。在这里葛洪悟出运动变化是自然界的必然规律和对化学变化的初步认识。在同一书中，葛洪又提到了"丹砂烧之成水银，积变又还成丹砂"这样的现象，也就是说葛洪不仅认识了无机合成，更为可贵的是还注意到了硫和汞的可逆反应。

$$HgS \rightleftharpoons Hg+S$$

此外，为了炼丹和炼金的方便，他们还发明了蒸馏器、熔化炉、加热锅等一大批新装置和新设备，这些装置和设备很快成为化学研究必备的仪器。可以说，他们是第一批专心致志地探索化学奥秘的"化学家"。正是这些理论、实验方法和化学仪器，开辟了化学科学的先河。

但无论是中国的炼丹术还是经阿拉伯传至欧洲的炼金术，都无一例外地在实践中屡遭失败，所追求的虚幻目标一再破灭。中国的炼丹术逐渐让位于本草学。在欧洲，炼金术也不得不改换方向，转向实用的冶金化学和医药化学。化学方法转而在医药和冶金方面得到了充分发挥。在欧洲文艺复兴时期，出版了一些有关化学的书籍，第一次有了"化学"这个名词。英文单词"chemistry"起源于"alchemy"，即炼金术，"chemist"至今还保留着两个相关的含义，即化学家和药剂师。

古代实用化学时期经历了实用化学、炼丹和炼金、原始医药和冶金化学等阶段。人类的早期化学知识来源于生产和生活实践，积累了大量的经验性和零散的化学知识。古代化学具有实用和经验的特点，尚未形成理论体系，是化学的萌芽时期。

1.1.2 近代化学时期

从 18 世纪中叶，英国化学家波义耳把化学确立为科学开始，到 19 世纪 90 年代末物理学的三大微观发现（X 射线、放射性和电子）前的近 200 年，为近代化学时期。这个时期的化学，从一般的知识积累发展为系统整理。

经过曲折的道路，法国化学家拉瓦锡根据一系列定量化学实验结果，发现了物质不灭定律，提出了燃烧的氧化学说，推翻了德国施塔尔提出的、控制了学术界 100 多年的"燃素说"（认为一切与燃烧有关的化学变化都可以归结为物质吸收或释放一种"燃素物质"的过程），这一事件在科学史上被誉为"化学革命"。拉瓦锡被公认为"化学之父"和化学学科奠基人。接着，化学的一些基本定律被相继发现。1803 年，英国的中学化学教师道尔顿根据一系列实验结果，提出了原子论，他主张用原子的化合与分解来说明各种化学现象和各种化学定律，他抓住了化学科学的本质，极大拓展了人类对物质构成的认识。道尔顿的化学原子论成为化学发展中的一个里程碑。1811 年意大利人阿伏伽德罗提出了分子的概念（认为气体分子可以由几个原子组成，但直到 50 年后才被认可），较好地解决了世界构成的本原问题，使化学由宏观进入到微观的层次，化学大步向前发展。1869 年俄国化学家门捷列夫在总结前人经验的基础上发现了著名的元素周期律，这是自然界中最重要的规律之一。19 世纪，化学工业在欧洲繁荣起来，进一步促进了化学学科的发展。工业生产的发展也为有机化学的产生创造了条件，19 世纪后期，物理化学的发展显示出它的理论价值，并渗透到无机化学、分析化学和有机化学等方面。初次显示出化学与物理学密切的内在联系，并使得物理化学成为继无机化学、分析化学和有机化学后的又一重要的化学分支学科。总之，这个时期的化学，发现了大量的化学基本定律，建立了有机化学等新的化学分支科学，涌现了一大批著名化学家，为揭开自然之谜和为人类造福等方面作出了突出贡献。

1.1.3　现代化学时期

19世纪末，物理学上出现了三大发现，即X射线、放射性和电子。这些新发现猛烈地冲击了关于原子不可分割的观念，从而打开了原子和原子核内部结构的大门，建立起了量子化学、核化学等新学科，揭示了微观世界中更深层次的奥秘。

数学理论以及热力学等物理学理论引入化学以后，建立了物理化学学科，把化学理论提高到了一个新水平，从此化学不再只是一门经验学科而是具有理论指导的一门科学。

20世纪，化学各个分支都取得了丰硕的成果，其中仪器分析、催化剂及高分子材料的出现更具有划时代的意义。

现代化学的发展日新月异，化学与社会的关系也日益密切，人们运用化学的观点来观察和思考社会问题，用化学的知识来分析和解决诸如能源危机、粮食问题、环境污染等社会问题，现代化学与其他学科相互交叉与渗透，尤其是数学、物理的不断渗透，产生了包含着生物化学、地球化学、海洋化学、大气化学、宇宙化学等诸多分支学科。

现代化学更加真实、深刻地反映出物质世界的多样性、复杂性和统一性。

化学研究的分支学科

化学研究的范围极其广阔。按研究的对象或研究的目的不同，可将化学分为无机化学、有机化学、高分子化学、分析化学和物理化学五大分支学科。

1.2.1　无机化学

这一分支学科的形成是以19世纪60年代元素周期律的发现为标志的。由于人类冶金和采矿的需要，通过对矿物的分析、分离和提炼，发现了许多新元素。到19世纪中叶，各元素有了统一公认的原子量。

1871年，俄国化学家门捷列夫在前人工作的基础上公布了元素周期表，总结了元素周期律，以此为基础修正了某些原子的原子量并预言了15种新元素，这些后来均被陆续证实。元素周期律的发现，将自然界形形色色的化学元素结合为有内在联系的统一整体，奠定了现代无机化学的基础。

20世纪40年代末，由于原子能工业和半导体材料工业的兴起，无机化学又取得了新的发展。从70年代以来，随着宇航、能源、催化及生化等研究领域的出现和发展，无机化学不论在理论还是在实践方面都取得了新的突破。当今在无机化学中最活跃的领域有无机材料化学、生物无机化学、有机金属化学三个方面。

(1) 无机材料化学（固体无机化学）　现代科学技术的发展需要各种各样的具有特

殊性能的材料。头发粗细的光导纤维可供 25000 人同时通话而互不干扰。光导纤维是一种用蒸气沉积法制成的硅锗氧化物纤维，这种材料的出现使通信进入崭新时代。储存电能的快离子导体，记录信息的磁记录材料，制造机器人所需要的热敏、气敏与湿敏材料，高温超导体材料等材料的发展都与无机材料化学的进展分不开。无机化学和固体物理的结合逐渐形成了无机材料化学这个新的领域。借助各种实验技术，新材料的结构及其内部成键的方式等方面的研究正在促进化学理论的发展。

如新的无机纳米材料石墨烯，见图 1-1，是目前最薄、最硬的材料，并具有良好的导电、导热性能和透光性能，可以应用于电子、航天、光学、储能、生物医药、日常生活等大量领域，拥有无比巨大的发展空间。

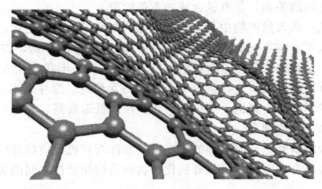

图 1-1　石墨烯

(2) 生物无机化学　生物无机化学又称生物配位化学，是无机化学、生物化学、医学等多种学科的边缘学科，是自 20 世纪 60 年代以来逐步形成的。其研究对象是生物体内的金属（和少数非金属）元素及其化合物，特别是痕量金属元素和生物大分子配体形成的生物配合物，如各种金属酶、金属蛋白等。生物无机化学侧重研究它们的结构、性质、生物活性之间的关系以及在生命环境内参与反应的机理。研究过程中，常用人工模拟的方法合成具有一定生理功能的金属配位化合物。目前已知有 20 多种微量元素在生物体内对于氧输运、酶催化、神经信息传递等过程起重要作用。无机药物也是生物无机化学研究的一个重要方面，近年发现的具有抗癌活性的无机化合物已逐渐多于有机化合物。

(3) 有机金属化学　有机金属化学是有机化学和无机化学交叠的一门分支学科，主要讲述含金属离子的有机化合物的化学反应、合成等各种问题。近 30 多年来陆续合成的有机金属化合物的总数已超过了 100 万种，它们分别在催化剂、半导体、药物、能源等方面有着重要的用途。在研制这些新化合物的过程中建立了无氧、无水、高真空及原子蒸气等新的合成技术。有机金属化合物多种多样的结构也大大促进了化学键理论和结构化学的发展。

1.2.2　有机化学

有机化学是在 1806 年作为无机化学的对立物提出来的，当时由于科学条件限制，认为只能是从动植物体内提取到有机物。现在有机化学已发展为研究烃类化合物及其衍生物的化学分支学科，因此也有人认为有机化学就是碳的化学。目前已知的有机化合物就有千万种之多，而每年又出现数以万计的新有机化合物。因此，有机化学是化学研究中最庞大的领域，它与医药、农药、染料、日用化工等方面的关系特别密切。

有机化学的研究内容主要包括以下几个方面。

（1）天然产物的研究　自然界的动物、植物、微生物体内含有多种有机物，从天然产物中分离、提取有机化合物，一直是个非常活跃的研究领域。随着实验和分析技术的进步，含量极少的天然产物也已经能够分离出来，如维生素、激素、植物生长素、昆虫信息素等。

（2）有机化合物结构的测定　由天然产物中分离的有机化合物或用合成方法得到的有机化合物都要经过结构测定，了解它们与其他有机化合物之间的关系或研究有机化合物的结构和性质之间的关系，是有机合成的准备阶段。

（3）有机合成　从天然产物中分离的有机化合物经过结构测定后，就可以根据结构按照一定的方法人工合成。已知的有机化合物大部分是合成产物，许多工业产品如燃料、医药、农药、洗涤剂都是通过有机合成得到的。1965年我国用人工合成法获得了牛结晶胰岛素，其结晶形状、生物活力与天然胰岛素相近。维生素B_{12}的合成开创了天然产物人工合成的新局面。其他，如抗癌药物、高效低毒农药、香料、有机导体的合成也都是有机化学家关注的课题。

（4）反应机理的研究　反应机理的研究可以加深对有机反应的理解，有助于合理地改变实验条件、提高合成效率、了解有机化合物的结构和活性之间的关系。

1.2.3　高分子化学

高分子化学是研究高分子化合物（简称高分子）的合成、化学反应和化学性质、改性、加工成型、应用等方面的一门新兴的综合性学科。高分子化学的发展非常迅速。目前，高分子材料的世界年产总量已超过1亿吨。高分子材料的应用量很大，初步估计，全世界金属材料、天然材料、合成材料的消耗量比例是19∶3∶78。高分子材料在很多方面已经代替金属材料大大拓宽其应用领域，比如工程塑料聚甲醛可以代替金属用于制造一些零部件、PVC代替铝合金或木材用于制造塑钢门窗等。可以说，人类在经历石器时代、铜器时代、铁器时代后，步入了高分子时代。

1.2.4　分析化学

分析化学是化学的一个重要分支，其主要任务是研究下列问题：①物质中有哪些元素和（或）基团（定性分析）；②每种成分的数量或物质纯度如何（定量分析）；③物质中原子如何彼此联结成分子和分子在空间如何排列（结构和立体分析）。研究对象从单质到复杂的混合物和大分子化合物，从无机物到有机物，从低相对分子质量到高相对分子质量，样品可以是气态、液态或固态。

分析化学以化学基本理论和实验技术为基础，并吸收物理、生物、统计、电子计算机、自动化等方面的知识以充实本身的内容，从而解决科学、技术所提出的各种分析问题。常见分析方法包括化学分析法是和现代仪器分析法。化学分析法是以化学反应为基础的分析方法，现代仪器分析法是利用特定仪器并以物质的物理化学性质为基础的分析方法，如原子发射光谱、吸收光谱、可见分光光度法、电化学分析、色谱、红外光谱、核磁共振等。现在分析化学广泛应用于生产中原料和成品的分析检测、生产过程监控、食品分析检测、环境监测、医学检验等很多方面。

1.2.5 物理化学

物理化学是化学学科的基础理论部分。是以物理的原理和实验技术为基础，研究化学体系的性质和行为，发现并建立化学体系的特殊规律的学科。物理化学的建立，使得化学不再只是一门经验学科，而具有理论指导。如天然气制氨气的第一个反应式：

$$CH_4(g) + H_2O(g) \longrightarrow CO(g) + 3H_2(g)$$

该反应在低于 800℃ 时，人们尝试了使用多种催化剂，但反应都不发生。直到热力学建立，计算该反应的 $\Delta_r G_m^\ominus = 142 \text{kJ/mol}$，人们才知道，只有改变反应温度，使反应温度 $>800℃$，而不是只通过使用催化剂才能使反应向右进行。

物理化学的研究内容包括化学体系的宏观平衡性质、化学体系的微观结构和性质、化学体系的动态性质。

化学学科在其发展的过程中还与其他学科交叉结合形成了各种边缘学科，如生物化学、地质化学、放射化学、星际化学以及激光化学等。随着化学各分支学科和边缘学科的建立，化学研究的发展总趋势可以概括为从宏观到微观、从静态到动态、从定性到定量，从描述到理论。

总之，人类的衣食住行无一能离开化学，化学与我们的生活息息相关，它必将成为最新的中心学科之一，并在未来人类进步、科技发展、社会文明中起到更加重要的作用。

Chapter 02

第 2 章
化学与能源

2.1 能源概述

2.2 煤

2.3 石油与天然气

2.4 化学电源

2.5 核能

2.6 氢能

2.7 太阳能

2.8 生物质能

2.1 能源概述

能源是指可以直接或经转换后能提供人类所需的光、热、动力等能量的载能体资源。能源是经济和社会发展的重要物质基础，也是人类赖以生存的基本条件。国民经济发展的速度和人民生产水平的提高都有赖于能源提供的多少。

从历史上看，人类对能源利用的每一次重大突破都伴随着科技的进步，从而促进了生产力的飞速发展，甚至引起社会生产方式的革命。人类对于能源的利用大致可以分成四个时期：柴草时期、煤炭时期、石油时期和新能源时期。

18 世纪瓦特发明了蒸汽机，以蒸汽代替人力、畜力，煤炭成为工业化的动力基础，煤炭时期代替了柴草时期，开始了资本主义工业革命。从 19 世纪 70 年代开始，电力逐步代替蒸汽成为主要动力，从而实现了资本主义工业化。20 世纪 50 年代，随着廉价石油、天然气的大规模开发，世界能源的消费结构从以煤炭为主转向以石油、天然气为主，西方经济在 60 年代进入了"黄金时代"。随着化石能源的枯竭，加之煤、石油等造成的环境污染日益严重，太阳能、原子能、氢能、生物质能、风能等新型能源将逐渐取代煤炭、石油和天然气而成为人类的主要能源，人类将进入到新能源时期。

2.1.1 能源的分类

按能源的来源和性质可分为一次能源和二次能源。其中，在自然界存在，可直接获得而无须改变其形态和性质的能源称为一次能源，如水能、煤炭、石油等。由一次能源经加工、转换或改质成另一种形态的能源产品称为二次能源，如电能、氢能、汽油、煤油、柴油等。

按目前能源发展状况又可分为常规能源和新型能源。常规能源（又称传统能源）通常指已经大规模生产和广泛利用的能源，例如煤炭、石油等化石能源及水力能、植物燃料等。新型能源（简称新能源）是指尚未大规模利用、正在积极研究开发的能源，如太阳能、氢能、风能、地热能、海水温差能等。

风能、水能、太阳能、地热能、生物能、潮汐能等起源于可持续补给的自然过程，不会随着人们的使用而减少，这类能源称为可再生能源。而矿物能源如煤炭、石油、核燃料等称为非再生能源。

根据消费后是否造成环境污染，又可将能源区分为污染型能源和清洁能源。如煤、石油等属于污染型能源；水力能、风能、氢能、太阳能等属于清洁能源。

能源的分类见表 2-1。

表 2-1 能源的分类

能源类别		常规能源	新型能源
一次能源	可再生能源	水能、生物质能(柴草、植物秸秆等)	太阳能、海洋能、风能、地热能
	非再生能源	煤炭、石油、天然气、油页岩	核裂变燃料
二次能源		煤炭制品(煤气、焦炭)、石油制品(汽油、柴油、液化气)、电力、氢能、沼气、激光、发酵酒精	

2.1.2 世界油气储量及我国能源消费概况

我国石油探明可采储量只占世界的 2.4%，天然气占世界的 1.2%，人均石油、天然气可采储量仅分别为世界平均值的 10% 和 5%。2013 年世界油气探明储量及石油产量估计值国家或地区排名，见表 2-2。

表 2-2 2013 年世界油气探明储量及石油产量估计值

名次	国家或地区	石油探明储量/10^4 t	国家或地区	天然气探明储量/10^8 m³	国家或地区	石油产量/10^4 t
1	委内瑞拉	4061174	俄罗斯	477769	俄罗斯	52020
2	沙特阿拉伯	3626194	伊朗	337593	沙特阿拉伯	46897
3	加拿大	2362448	卡塔尔	250536	美国	37674
4	伊朗	2145572	美国	105327	中国	21057
5	伊拉克	1913692	沙特阿拉伯	82300	加拿大	16638
6	科威特	1384460	土库曼斯坦	74995	伊拉克	16129
7	阿联酋	1333992	阿联酋	60855	阿联酋	13518
8	俄罗斯	1091200	委内瑞拉	55584	挪威	13337
9	利比亚	661131	尼日利亚	51149	科威特	12810
10	尼日利亚	506590	阿尔及利亚	45012	伊朗	12774
11	美国	433435	中国	43973	墨西哥	12651
12	哈萨克斯坦	409200	挪威	37197	委内瑞拉	12327
13	卡塔尔	344274	伊拉克	31516	巴西	10461
14	中国	332483	印度尼西亚	29537	尼日利亚	9552

我国石油和天然气大量依赖进口，见表 2-3、表 2-4。2014 年国内石油消费量增长约 4%，石油及成品油净进口量继续攀升，预计到 2020 年，中国的天然气消费量将达到 4850×10^8 m³。

表 2-3 中国原油及成品油进出口数据   单位：万吨

年份		2005	2008	2010	2011	2012	2013
原油	进口量	12682	17889	23931	25378	27109	28214
	出口量	807	373	304	252	243	162
成品油	进口量	3147	3887	3690	4060	3983	3958
	出口量	1401	1703	2690	2579	2429	2851

表 2-4 中国天然气储量、产量和消费量

年份	2010	2011	2012	2015（估计）
地质储量/$10^8 m^3$	91385	98684	108088	136160
剩余可采储量/$10^8 m^3$	27257	29061	32154	38165
产量/$10^8 m^3$	948	1000	1067	1340
消费量/$10^8 m^3$	1100	1307	1446	2310

近年我国能源消费结构见表 2-5。2011 年，在中国的能源消费结构中，煤炭消费比重高出世界平均值 41.5%，石油和天然气分别低于世界平均值 16% 和 20.5%。有人把中国近年来的雾霾天气的罪魁祸首直指现阶段不合理的能源消费结构是不无道理的。

表 2-5 近年我国能源消费结构

年份	能源消费总量（以标准煤计）/万吨	占能源消费总量的比重/%			
		煤炭	石油	天然气	水电、核电、风电
2005	235997	70.8	19.8	2.6	6.8
2008	291448	70.3	18.3	3.7	7.7
2009	306647	70.4	17.9	3.9	7.8
2010	324939	68.0	19.0	4.4	8.6
2011	348000	69.7	19.7	4.9	5.7

在我国的一次能源消费结构中，煤炭仍占主要地位，即使努力加大脱硫、脱硝、除尘的力度，但雾霾灾害仍在不断加剧。预计到 2020 年全球天然气消费将翻一番，而煤炭消费将在 2020 年左右达到顶点。加大清洁能源和天然气的使用比重，逐步减小对煤炭的依赖，走低碳经济之路，优化能源结构，是一项重大的战略决策。力争到 2020 年，我国太阳能、风能、核能等清洁能源的消费比重上升到 10%～15%，天然气消费比重上升到 10%～12%，相应地煤炭的消费比重降至 57% 左右。但要实现这一目标，难度还很大。

2.2 煤

2.2.1 煤的形成与化学成分

煤是地球上储量最多的化石燃料，也是最主要的固体燃料。煤由远古时代的植物经过复杂的生物化学、物理化学和地球化学作用转变而成。人们在煤层及其附近发现大量

保存完好的古代植物化石，在煤层中可以发现炭化了的树干，在煤层顶部岩石中可以发现植物根、茎、叶的遗迹，把煤切成薄片，在显微镜下可以看到植物细胞的残留痕迹，这些现象都说明成煤的原始物质是植物。植物残骸堆积埋藏、演变成煤的过程非常复杂，一般认为历经植物—泥炭（腐蚀泥）—褐煤—烟煤—无烟煤几个阶段（图2-1），这个过程被称为煤化作用。

(a) 泥煤

(b) 褐煤

(c) 无烟煤

图 2-1　煤

煤的化学成分主要是碳和氢，还含有少量氧、氮、硫。随着煤转化程度的提高，煤炭中碳含量升高，而氧含量逐渐减小。目前公认的煤的化学组成见表2-6。

表 2-6　煤的主要化学组成及含量

元素	C	H	O	N	S
含量/%	85.0	5.0	7.6	0.7	1.7

煤是一种混合物，没有单一的分子结构，它的化学结构模型有几十种。煤炭中含有大量的环状芳烃缩合交联在一起，夹杂含S和N的杂环，所以煤可以成为制备芳烃的重要原料。煤中的O多以羧基、羟基和甲氧基等形式存在。煤中还含有一定量的不能燃烧的矿物性杂质，如钙、镁、铁、铅、硅和微量或痕量砷、钡、铍等。

2.2.2 煤化工

现阶段煤在我国的能源结构中位居榜首,煤的年消费量在 10 亿吨以上,其中大量的煤用于发电、锅炉等,煤中的 C、H、S、N 分别变成 CO_2、H_2O、SO_2、NO_x 等物质,不但热效率不高,浪费了宝贵的资源,而且会形成酸雨、CO_2、煤灰等,给环境造成严重的破坏。因此对煤进行综合利用,分离提取煤中所含的宝贵的化工原料(煤化工),是很有必要的。

煤化工包括煤的气化、煤的干馏和煤的液化等几种方式。

(1) 煤的气化 煤的气化是有控制地将氧或含氧化合物(如 H_2O、CO_2 等)通入高温煤炭(焦炭层或煤层),发生有机物的不完全氧化反应,从而获得含有 H_2、CO 等可燃气体的过程。根据所用气化剂和所得产物的不同,可燃气体大致可分为空气煤气、混合煤气、水煤气和半水煤气。各种煤气的组成如表 2-7 所示。

表 2-7 各种煤气的组成

名称	气化剂	组成(体积分数)/%					热值/(kJ/m³)	主要用途
		H_2	CO	CO_2	N_2	CH_4	O_2		
空气煤气	空气	2.6	10	14.7	72.0	0.5	0.2	3800~4600	燃料
混合煤气	空气、水蒸气	13.5	27.5	5.5	52.8	0.5	0.2	5000~5200	燃料
水煤气	水蒸气	48.4	38.5	6.0	6.4	0.5	0.2	10000~11300	燃料
半水煤气	水蒸气、空气	40.0	30.7	8.0	14.6	0.5	0.2	8800~9600	合成氨原料气

当用空气作气化剂时,主要的反应方程式为

$$C + O_2 \longrightarrow CO_2$$
$$CO_2 + C \longrightarrow 2CO$$

当用水蒸气作气化剂时,主要的反应方程式为

$$C + H_2O(g) \longrightarrow CO + H_2$$
$$C + 2H_2O(g) \longrightarrow CO_2 + 2H_2$$

上述制得的气体既可作为燃料使用,热效率可达 55%~60%,远远高于煤炭直接燃烧的热效率(15%~18%),也可作为化工原料使用。CO 与 H_2 混合气体俗称合成气,可用于合成甲醇等有机物,或经变换脱碳后可用于生产 NH_3。我国的很多小氮肥厂一般都能同时生产氮肥和甲醇,即所谓的"联醇工艺"。

$$CO + 2H_2 \longrightarrow CH_3OH$$

煤的气化见图 2-2。

(2) 煤的干馏 煤的干馏就是将煤置于隔绝空气的密闭炼焦炉内加热,随着温度的升高,煤中有机物逐渐分解,得到气态的焦炉气、液态的煤焦油和固态的焦炭的过程,也称煤的焦化。

按照最终温度的不同,干馏方法有高温干馏(1000~1100℃)、中温干馏(700~900℃)和低温干馏(500~600℃)之分。低温干馏主要用褐煤和部分烟煤,也可用泥炭,低温干馏所得焦炭的数量和质量都较差,但焦油产率较高,其中所含轻油部分,经

图 2-2 煤的气化

过加氢可以制成汽油,所以在汽油不足的地方,可采用低温干馏。在第二次世界大战中,德国由于石油短缺,从煤炼制厂中炼制了58.5万吨燃料烃,这充分说明了煤转化法的重要性。中温法的主要产品是城市煤气。高温干馏主要用烟煤。工业上应用最广、产品最多的是高温干馏,高温法的主要产品是焦炭。煤的主要干馏产物如下所示。

$$煤 \xrightarrow{干馏} \begin{cases} 焦炭 \to 冶金 \quad 电石 \quad 电极 \\ 煤焦油 \begin{cases} 单环芳烃(苯、二甲苯、酚) \\ 稠环芳烃(萘、蒽、菲等) \\ 沥青 \end{cases} \\ 焦炉气(含 H_2、CO、CO_2、CH_4、NH_3、H_2S 及苯蒸气等) \end{cases}$$

焦炭主要用于冶金工业,其中又以炼铁为主,它在炼铁成本中约占 1/3~1/2,焦炭还可应用于化工生产,例如,以焦炭与水蒸气和空气作用制成半水煤气,制造甲醇、合成氨等,还可与石灰石高温反应制取电石,电石经水解生成乙炔,乙炔与氯化氢气体加成生成氯乙烯,氯乙烯聚合制得聚氯乙烯(简称PVC),2012年我国PVC产量达到1300多万吨,位列合成材料之首。由于我国煤炭主要集中在中西部地区,最近几年,电石法PVC工业向中西部地区转移迹象十分明显。煤焦油约占焦化产品的4%(低温干馏占6%~12%)是黑色黏稠的油状流体,成分十分复杂,目前已验明的约有500多种,其中有苯、酚、萘、蒽、菲等含芳香环的化合物和吡啶、喹啉、噻吩等含杂环的化合物,它们是医药、农药、染料、炸药、助剂、合成材料等工业的重要原料。焦炉气约占焦化产品的20%,其中的 H_2、CH_4、CO 等可燃气体热值高,燃烧方便,多用作冶金工业燃料或城市煤气,与直接燃煤相比,环境效益较高。H_2、CH_4、C_2H_4 等还可用于合成氨、甲醇、塑料、合成纤维等。

总之，煤经过焦化加工，使其中成分都能得到有效利用，而且用煤气作燃料要比直接烧煤干净得多。为遏制环境的恶化，我国也正在大力发展洁净煤技术。

（3）煤的液化　煤的液化是煤另一种具有战略意义的转换。其目的是将煤炭转换成可替代石油的液体燃料和用于合成的化工原料。液化油也叫人造石油。煤和石油主要由C、H、O这三种元素构成，但煤的平均相对分子质量大于石油，且H元素含量只有石油的一半，因此煤的液化也就是使煤的大分子变小，并将煤中的H/C比调整至适当的数值的过程。

目前煤的液化有直接液化和间接液化两种。

直接液化法是在较高温度（>400℃）和较高压力（>10MPa）的条件下，通过溶剂和催化剂对煤进行加氢裂解而直接获得液化油的过程。工艺相当复杂，成本也较高。

间接液化法是使煤气化得到CO和H_2等小分子气体，然后在一定的条件下合成各种烷烃、烯烃、乙醇、乙醛等液态燃料的过程。

煤的液化工艺复杂，成本比采用石油路线获得同样产物要高。煤的液化在我国工业化进展比较缓慢。2015年石油价格大跌，低于50美元/桶，煤化工产品的竞争更是处于不利地位，因此，煤化工离不开政策的支持。

综上所述，煤既是能源，更是重要的化工原料。我国是世界上最大的耗煤国家，但70%的煤都是直接燃烧掉，既浪费资源，也污染环境。积极发展煤化工是国家一项十分重要的符合国情的能源战略。

2.3　石油与天然气

石油有"工业的血液""黑色的黄金"等美誉。自20世纪50年代开始，在世界能源消费结构中，石油便跃居首位。石油是国家现代化建设的战略物资，许多国际争端往往与石油资源的争夺有关。石油产品的种类已超过几千种，现代生活中的衣、食、住、行直接地或间接地与石油产品有关。

对石油的成因有很多种假设，其中普遍比较认可的是由植物和低等生物残骸在地下经过复杂的物理、化学变化而形成的。石油是含多种烃类化合物的混合物，包括烷烃、环烷烃和芳香烃等。利用各组分沸点的不同，可通过分馏、精馏将不同的组分分组分离提纯。其中含碳原子数较少的烃类，如乙烷、丙烷等低级烷烃是裂解制取烯烃的理想原料，烯烃可用于制造塑料、橡胶等很多种高分子材料。因此，若把石油直接作为燃料燃烧掉是十分可惜的。通常是通过石油炼制，对炼制后的成分进行分离提纯，以满足化学工业基本原料的需要。

天然气是蕴藏在地层中的烃和非烃气体的混合物，其生成范围比石油的生成范围要宽得多。天然气的主要成分是甲烷，但也含有少量乙烷及其他烃类化合物，经分离也可作为化工的基本原料。

以石油和天然气为原料生产化学品的领域，称为石油化工。石油化工现已成为化学工业的重要分支，在国民经济中占有举足轻重的地位。

2.3.1 石油的开采

石油的开采分为初级开采、二级开采和三级开采。初级开采主要靠天然压力,它只能开采天然储量的10%～30%;二级开采是靠把水、气和蒸汽等注入油井内,以提高开采量。美国的油井中仅有35%可用此法开采,其中的80%的油井已用此法进行了开采。三级开采是采用新的化学方法开采余下的石油资源,如利用表面活性剂及溶液聚合物可以把油和它周围的水分开再进行开采。

2.3.2 石油的炼制

(1) 原油分馏　利用原油各组分沸点差异,将原油用蒸馏的方法分离成为不同沸点范围的油品(称为馏分)的过程称为原油分馏。

经开采出来的深褐色液体石油称为原油,是一种油包水型乳状液,并且含有较多的钙、镁等无机离子,不能直接使用。分馏前,须经电化学或加热沉降的方法进行脱盐、脱水处理。

分馏时,经脱盐脱水后的石油先进初馏塔,蒸出大部分轻汽油。初馏塔塔底物料的沸点较高,加热至360～370℃进入常压精馏塔,从塔顶蒸出石脑油,与初馏塔顶的轻汽油一起可作为催化重整的原料。在精馏塔的不同温度段分别分离出沸点更高的喷气燃料(航空煤油)、轻柴油、重柴油或变压器油,塔底产物为重油(称为常压渣油)。重油再经减压精馏塔,依次蒸出润滑油、凡士林等馏分。石油分馏工艺流程和装置分别见图2-3、图2-4。

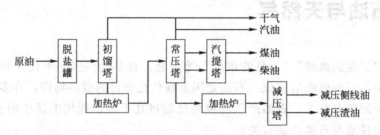

图 2-3　石油分馏工艺流程

图 2-4　石油分馏装置

石油主要分馏产物情况见表2-8。

表2-8 石油主要分馏产物

馏分		烃的碳原子数	馏程/℃	用途
气体	石油气	$C_1 \sim C_4$	$-164 \sim -11$	化工原料
轻油	溶剂油	$C_5 \sim C_6$	$30 \sim 180$	溶剂
	汽油	$C_5 \sim C_{11}$	$30 \sim 205$	飞机、汽车以及各种汽油机燃料
	煤油	$C_{11} \sim C_{16}$	$180 \sim 310$	拖拉机燃料、工业洗涤剂
	柴油	$C_{15} \sim C_{18}$	$280 \sim 350$	重型汽车、军舰、轮船、坦克、拖拉机、柴油机燃料
重油	润滑油	$C_{16} \sim C_{20}$	$350 \sim 500$	润滑、密封、冷却、防锈
	凡士林	液态烃和固态烃的混合物		润滑、防锈、补裂
	石蜡	$C_{20} \sim C_{30}$		化工原料、蜡纸、车蜡等
	沥青	$C_{30} \sim C_{40}$		沥青纤维、铺路、炼焦、防腐涂料
	石油焦	主要成分是碳	>500	增碳剂、电极

(2) 裂化　裂化是将重油等大分子烃类分裂成汽油、柴油等小分子烃类的一种炼制方法。由于内燃机的发展，使得汽油和柴油的用量猛增，直馏汽油和柴油已远远不能满足需求，重油裂化是制取高质量汽油和提高汽油产量的主要途径。常用的裂化方式有催化裂化、热裂化、加氢裂化三种。其中普遍采用的裂化方式是催化裂化，催化裂化是指在热和催化剂（硅酸铝和合成沸石）的作用下将重油的大分子经裂化、异构化等反应分裂成各种小分子，再经分离得各种产物，既含有饱和烃也含有不饱和烃，所产汽油辛烷值高，安定性好。我国原油成分中重油比例较大，所以催化裂化就显得特别重要。热裂化因温度较高，易发生结焦现象。

裂解（深度裂化）指在700℃以上的高温下使烃类断链和脱氢，主要用于生产乙烯、丙烯、丁二烯等低级烯烃。用于裂解的原料主要有石脑油、柴油，裂解以热裂解为主。

(3) 重整　也称催化重整，在有催化剂作用的条件下，对汽油馏分中的烃类分子结构进行重新排列，排列成新的分子结构的过程叫催化重整。加热、氢压和催化剂存在的条件下，使原油精馏所得的轻汽油馏分（或石脑油）转变成富含芳烃的高辛烷值汽油（重整汽油），并副产液化石油气和氢气的过程。重整汽油可直接用作汽油的调和组分，也可经芳烃抽提制取苯、甲苯和二甲苯（这些芳烃在原油中含量一般很少）。副产的氢气是石油炼厂加氢装置（如加氢精制、加氢裂化）用氢的重要来源。

催化重整包括以下4种主要反应：(a) 环烷烃脱氢；(b) 烷烃脱氢环化；(c) 异构化（异构化是使直链烃转变为支链烃的过程）；(d) 加氢裂化。反应(a)、反应(b)生成芳烃，同时产生氢气，反应是吸热的；反应(c)将烃分子结构重排，为一放热反应（热效应不大）；反应(d)使大分子烷烃断裂成较轻的烷烃和低分子气体，会减少液体收率，并消耗氢，反应是放热的。除上述反应外，还有烯烃的加氢及生焦等反应，各类反应进行的程度取决于操作条件、原料性质以及所用催化剂的类型。

重整反应在催化剂作用下，几十秒即可完成。最初使用的是分散在含氟氧化铝载体上的金属铂。载体都有较大比表面积，单位质量载体的面积达 $200 \sim 1000 m^2$。20世纪60年代出现了铂-铼、铂-锗、铂-锡、铂-铱等双金属催化剂，有的还增加了第三组分。近年来由于载体制备和浸渍技术的改进，新一代催化剂活性、选择性和寿命均有提高，某些催化剂中贵金属铂含量已降至0.25%。

(4) 加氢精制　加氢精制是指在催化剂作用下，氢与各种汽油、柴油等轻质油品中的杂环化合物反应生成硫化氢、氨和水，使油品中仅含烃类化合物，消除 NO_x 或 SO_2 对环境造成的污染，提高油品质量的过程；或指从重质馏分油制取馏分润滑油，从渣油制取残渣润滑油的过程。所用催化剂含有钼、钨、钴、镍等元素。钼-钴催化剂多用于加氢脱硫；钼-镍催化剂多用于脱氮；钨-镍催化剂多用于芳香烃的饱和化。近年来，加氢精制（包括加氢脱硫）工艺的应用更为普遍，从而使世界炼油工业在节能和环保方面都取得了较大进展。

(5) 原油的三次加工　三次加工过程主要指将二次加工产生的各种气体进一步加工，以生产高辛烷值汽油组分和各种化学品的过程，包括石油烃烷基化、烯烃叠合、石油烃异构化等。石油烃烷基化是在硫酸、氢氟酸催化剂存在下，异构烷烃或芳香烃与烯烃发生加成反应生成较大分子的异构烷烃或烷基芳香烃的过程。例如，使异丁烷和丁烯（或丙烯、丁烯、戊烯的混合物）通过烷基化反应制取高辛烷值汽油组分。烷基化反应速率非常快，仅几十秒可基本完成，因此可在一管式反应器中近于常温条件下进行。

2.3.3　天然气加工

(1) 湿性天然气分离加工　天然气的主要成分是甲烷，还含有乙烷、丙烷等轻质饱和烃及少量 CO_2、N_2、H_2S 等非烃成分。天然气可分为干气和湿气。干气含甲烷量在90%以上，在常温下加压也不能使之液化，不适宜作裂解原料。湿气含甲烷量在90%以下，还含有一定量的乙烷、丙烷、丁烷等，由于乙烷以上的烃在常温下加压可以液化，有液滴生成，故称为湿气。湿性天然气分离加工示意图见图2-5。

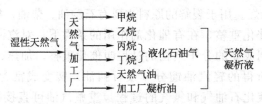

图2-5　湿性天然气分离加工示意图

天然气凝析液（NGL）是优质的裂解原料。2011年，天然气凝析液占乙烯生产原料的50%。

(2) 以天然气为原料制合成气　可用于制造合成气的气体原料主要有天然气、焦炉气、炼厂气和乙炔尾气等，其中天然气是制造合成气的主要原料。

① 天然气水蒸气转化法制取合成气　在高温和催化剂存在下，天然气与水蒸气反应生产合成气的方法称为天然气水蒸气转化法。是目前工业生产应用最广泛的方法。

甲烷与水蒸气在催化剂上发生的反应为

$$CH_4 + H_2O \rightleftharpoons CO + 3H_2$$

天然气水蒸气转化制合成气过程见图 2-6。

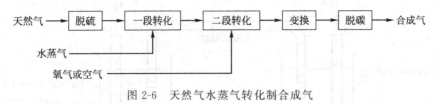

图 2-6 天然气水蒸气转化制合成气

合成气通常用来合成甲醇:

$$CO + 2H_2 \rightleftharpoons CH_3OH$$

为使 CO 与 H_2 的配比达到要求,合成气须经变换与脱碳处理。变换是指将气体中按一定的配比,将过量的 CO 变为 H_2 和 CO_2,脱碳是指除去过量的 CO_2。

② 天然气部分氧化法制取合成气　利用天然气与空气或氧气部分氧化生成 CO、CO_2、H_2 和 H_2O,再经变换与脱碳,制得所要求比例的 CO 和 H_2。

化学电源

2.4.1 电池概述

电能是现代社会生活的必需品,电能是最重要的二次能源。大部分的煤和石油制品作为一次能源用于发电,煤或油在燃烧过程中释放能量,加热蒸汽,推动发电机发电。煤或油的燃烧过程就是它们和氧气发生化学变化的过程,所以"燃煤发电"实质是化学能通过机械能转化为电能的过程,这种过程通常要靠火力发电厂的汽轮机和发电机来完成。另外一种是把化学能直接(不经机械能或其他能源形式)转化为电能的装置,这类装置统称化学电池或化学电源。如收音机、手电筒、照相机上用的干电池,汽车发动机用的蓄电池,钟表上用的纽扣电池等。

哪些化学反应可以设计成为实用的电池呢?化学电池都与氧化还原反应有关。氧化还原反应的概念也在不断地深化中。在 18 世纪末,人们把与氧化合的反应称为氧化反应,而把从氧化物中夺取氧的反应称为还原反应。到 19 世纪中叶,有了化合价的概念,人们把化合价升高的反应叫氧化反应,把化合价降低的反应叫还原反应。20 世纪初建立了化合价的电子理论,人们把失电子的反应叫氧化反应,得到电子的反应叫还原反应。

例如锌片和硫酸铜溶液发生置换反应生成硫酸锌和金属铜(图 2-7),反应过程中,电子由 Zn 转移给 Cu^{2+},Zn 失去电子被氧化为 Zn^{2+}(发生氧化反应),电子通过外导线流到铜极板,溶液中的 Cu^{2+} 得到电子还原为 Cu(发生还原反应)。这样电子能按一定方向流动成为电流,化学能转化成了电能。人类历史上最早的电池就是由 Zn、Cu 构成的。

任何两个电极反应都可组成一个氧化还原反应,理论上都可设计成一个电池,但真

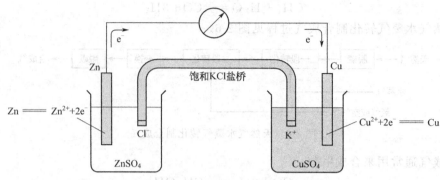

图 2-7 Cu-Zn 原电池

要做成一个有实际应用价值的电池并非易事。要设计一个实用电池，必须满足许多条件，主要有：①电池容量要大；②有大的电动势，才有可能在较小电流密度下取得较多的电能；③电池活性物质的化学能通过外电路自然消耗的自放电（俗称漏电）要小；④能量转换的速率要大，以保证较大的电流；⑤要能在较宽的温度范围内正常工作。此外，材料还要价廉、易得、安全、无毒等。

表征电池的质量常用以下性能指标。①开路电压和工作电压：在外电路电流无穷小（电路断开）时两极间的电势差即开路电压，它在数值上接近于电池电动势。工作电压是指电池接通负荷后在放电过程中显示的电压，亦称放电电压（负荷电压或闭路电压）。电路接通负荷后，由于电阻和超电势的存在，其工作电压总低于开路电压。例如，普通的电池的电压为 1.5V，指的是开路电压，由于电池自身电阻的存在，在工作时，工作电压一般只有 1.2V 了。②电池容量：指电池放电时能提供的能量，常以符号 C 表示，以 A·h（安时）或 mA·h（毫安时）为单位。单位质量或单位体积的电池能给出的电量称为电池的比容量，分别以 A·h/kg 或 A·h/L 表示。③寿命和储存期：电池在储存期间虽无负荷却因自放电而使电池容量自行损失，损失过大时，电池就不能正常工作，甚至报废，因此每种电池都有一定的储存期限。蓄电池还规定有充放电周期数（亦称循环数）作为使用寿命或使用年限。

已研究成功，可实际应用的化学电源种类有：原电池、蓄电池、储备电池、燃料电池等。人们最熟悉的原电池有锌锰干电池及锂原电池等，它们只能将化学能转化为电能，因此又叫一次电池。蓄电池则不同，当放电到一定程度时，可以利用外电源进行充电，使电池恢复原状，继续供电。这样放电、充电可以循环若干次。储备电池是一类特殊的原电池，其电极活性物质与电解质分开存放，使用时要使电解液进入电池或使固态电解质溶解或熔融，即电池被"激活"而放电，只能一次性使用。燃料电池是一种新型电池，它通过发生类似"燃烧"的反应，使化学能转化为电能。燃料电池的能量利用率很高，应用前景很广阔、发展迅速，下面对各类电池分别加以介绍。

2.4.2 原电池

原电池是一类使化学能直接转换成电能的装置。原电池连续放电或间歇放电后不能以反向电流充电的方法使两电极的活性物质恢复到初始状态，即电极活性物质只能利用一次，因此也称为一次性电池。原电池作为直流电源广泛应用于便携式电器、电子仪器和仪表、照相器材、手表、计算器、无线电话、助听器、电动玩具等方面。常用原电池有：锌-锰干电池、锌-汞电池、锌-银纽扣式电池及锂电池等。

(1) 锌-锰干电池　锌-锰电池具有原材料来源丰富、工艺简单、价格便宜、使用方便等优点，成为人们使用最多、最广泛的电池品种。锌-锰电池以锌为负极，以二氧化锰为正极。按照基本结构，锌-锰电池可制成圆筒形、扣式和扁形，扁形电池不能单个使用，可组合成叠层电池（组）。按照所用电解液的差异将锌-锰电池分为三种类型。

① 铵型锌-锰电池　电解质以氯化铵为主，含少量氯化锌。

电池符号：$(-)\ Zn\ |\ NH_4Cl, ZnCl_2\ |\ MnO_2\ (+)$

总电池反应：$Zn + 2NH_4Cl + 2MnO_2 \longrightarrow Zn(NH_3)_2Cl_2 + 2MnO(OH)$

② 锌型锌-锰电池　又称高功率锌-锰电池，电解质为氯化锌，具有防漏性能好，能大功率放电及能量密度较高等优点，是锌-锰电池的第二代产品。与铵型电池相比，锌型电池长时间放电不产生水，因此电池不易漏液。

电池符号：$(-)\ Zn\ |\ ZnCl_2\ |\ MnO_2(+)$

总电池反应（长时间放电）：$Zn + 2Zn(OH)Cl + 6MnO(OH) \longrightarrow ZnCl_2 \cdot 2ZnO \cdot 4H_2O + 2Mn_3O_4$

③ 碱性锌-锰电池　以 KOH 为电解液，这是锌-锰电池的第三代产品，具有大功率放电性能好、能量密度高和低温性能好等优点。

电池符号：$(-)\ Zn\ |\ KOH\ |\ MnO_2(+)$

总电池反应：$Zn + 2H_2O + 2MnO_2 \longrightarrow 2MnO(OH) + Zn(OH)_2$

锌-锰电池额定开路电压为 1.5V，实际开路电压 1.5~1.8V，其工作电压与放电负荷有关，负荷越重或放电电阻越小，闭路电压越低。用于手电筒照明时，典型终止电压为 0.9V，某些收音机允许电压降至 0.75V。

(2) 锂原电池　又称锂电池，是以金属锂为负极的电池总称。锂的电极电势负值最大，相对分子质量最小，导电性良好，可制成一系列储存寿命长、工作温度范围宽的高能电池。根据电解液和正极物质的物理状态，锂电池有三种不同的类型，即固体正极-有机电解质电池、液体正极-液体电解质电池、固体正极-固体电解质电池。锂电池主要用于军事、空间技术等特殊领域，在心脏起搏器等微、小功率场合也有应用。

2.4.3　蓄电池

电极活性物质经氧化还原反应向外输出电能（放电）而被消耗之后，可以用充电的方法使活性物质恢复的电池称为可充电池或二次电池，因其兼有储存电能的作用，通常称为蓄电池。

(1) 铅酸蓄电池　主要优点是电压稳定、价格便宜；缺点是比能低（即每千克蓄电池存储的电能）、使用寿命短和日常维护频繁。老式普通蓄电池一般寿命在 2 年左右，而且需定期检查电解液的高度并添加蒸馏水。不过随着科技的发展，普通蓄电池的寿命变得更长而且维护也更简单了。

铅酸蓄电池最明显的特征是其顶部有 6 个可拧开的塑料密封盖，上面还有通气孔。

这些密封盖是用来加注、检查电解液和排放气体之用。按照理论上说，铅酸蓄电池需要在每次保养时检查电解液的高度，如果高度不够需添加蒸馏水。但随着蓄电池制造技术的升级，铅酸蓄电池发展为铅酸免维护蓄电池，铅酸免维护蓄电池使用过程中无需添加电解液或蒸馏水。

放电时，硫酸溶液的浓度不断降低，当溶液的密度降到 1.18g/mL 时应停止使用，进行充电。

电池反应如下：

充电　$2PbSO_4 + 2H_2O \longrightarrow PbO_2 + Pb + 2H_2SO_4$（电解池）

放电　$PbO_2 + Pb + 2H_2SO_4 \longrightarrow 2PbSO_4 + 2H_2O$（原电池）

(2) 碱性蓄电池　即电解液是碱性的一种蓄电池。碱性蓄电池的正极活性物质是铜、镍、汞和锰的氢氧化物、氧化物或氧、卤素等（它们在制造电极时往往借助掺杂、共沉淀、薄层化等方法转变成非整比的半导体以补偿导电能力的不足，改善电极的高温容量等）；负极活性物质是不同形态的镉、铁、锌、氢等；碱性蓄电池结构有开口的和密封的。开口电池放电率高，价格低；密封电池无需维护，可以任意使用。

以氢氧化镍为正极的碱性蓄电池系列有镉-镍、铁-镍、锌-镍和氢-镍四种，电解液均为质量分数 20%～30% 的 KOH（或 NaOH）水溶液，密度为 1.18～1.28g/mL，加入适量氢氧化锂可延长电池使用寿命。

碱性氢镍电池有两种类型，一种是以气体氢为活性物质的电池，在电池内部具有较高压强（3MPa），称为高压氢镍蓄电池；另一种是以具有吸脱氢能力的金属氢化物为活性物质的电池，电池的压强比较低（0.3MPa），称为低压氢镍蓄电池。

氢镍蓄电池具有以下优点：①比能量高，大约是镉镍电池的 1.5～2 倍；②有良好的耐过充过放的保护性；③没有镉电池的污染；④储氢材料来源广泛；⑤制造工艺简单。自 20 世纪 90 年代以来，氢镍蓄电池在日本、美国、德国等国已实现产业化，在我国也已批量生产。

阅读材料

特斯拉

特斯拉汽车公司（Tesla Motors）是一家生产和销售电动汽车和零部件的公司，它只制造纯电动车，不制造混合动力车。它由斯坦福大学的硕士辍学生埃隆·马斯克（Elon Musk）与硕士毕业生 J. B. Straubel 于 2003 年创立，总部设在美国加州的硅谷地带，已在纳斯达克上市。特斯拉公司的创立和纯电动车（见图 2-8）公司的上市，是汽车动力变革的里程碑。

特斯拉汽车使用松下公司的 NCR 18650 3100mA·h 钴酸锂电池（图 2-9）。85kW·h 的 model S 电池单元一共用了 8142 个 18650 电池，将这些电池以砖（并联）、片（串联）逐一平均分配，最终组成一个电池包。设置传感器，感知每块电池的工作状态和温度情况，由电池控制系统进行控制。防止出现过热短路、温度差异等危险情况。85kW·h model S 电池的续航里程为 426km。特斯拉 model S 电动汽车总共有三种充电方式：移动充电包、高能充电桩和超级充电桩。所谓的移动充电包就是一条充电线，就

图 2-8　特斯拉纯电动汽车

图 2-9　松下 NCR 18650 3100mA·h 钴酸锂电池

像你用手机一样,只要带着这根线,任何有普通电源插口的地方都可以充电,非常方便,不过这种方式的充电速度是最慢的。如果用户有固定车位,那么可以安装特斯拉的高能充电桩,其充电速度比普通家用接口速度更快。第三种就是最受用户喜欢的充电方式——超级充电桩,因为这里的充电效率最高,一辆车从 0 到充满电最多只需 75min。特斯拉充电桩代表了世界上最发达的充电技术,太阳能充电站也在加速建设中。特斯拉正在持续加码中国市场,到 2015 年年底,上海将有 5000 个目的地充电桩。与此同时,特斯拉的超级充电站也将陆续在成都、广州和重庆等地落成。可以预料,其充电桩最终将遍布全球。

2.4.4　储备电池

储备电池是一类特殊形式的原电池,其电极活性物质与电解质分开存放,无自放电,可长时间储存(5~10 年)而不需维护。当需要电池供电时,可用一定的机构使电解液或水(溶剂)进入电池或通过加热使固体电解质熔融,电池即被"激活"而放电,电池只能一次性使用。按激活方式不同,储备电池可分为水激活、电解液激活和热激活三类。激活速度很快,可瞬间提供大功率电能。这类电池主要用于国防武器系统等特殊部门,如应用于导弹或鱼雷等。

2.4.5 燃料电池

燃料电池是一类连续地将燃料氧化，将化学能直接转换为电能的电化学电池。燃料为化石燃料以及由此得到的衍生物，如氢、肼、烃、煤气等液体和气体燃料，氧化剂仅限于氧和空气。燃料电池基本结构与一般化学电池相同，由正极（氧化剂电极）、负极（燃料电极）和电解质构成，但其电极本身仅起催化和集流作用。一般电池的活性物质储存在电池内部，因此，限制了电池容量。而燃料电池的正、负极本身不包含活性物质，只是个催化转换元件。因此，燃料电池是名副其实地把化学能转化为电能的能量转换机器。燃料电池工作时，活性物质由外部供给。只要燃料和氧化剂不断地输入，反应产物不断地排出，燃料电池就可以连续放电，供应电能。

理论上，可作为电池燃料和氧化剂的化学物质有很多，但目前得到实际应用的只有氢-氧燃料电池。氢气流经铂负极，催化解离为氢原子，再释放出电子形成氢离子，电子经外电路的负载后流到通氧气的催化正极与氧和水生成氢氧根离子，再在电解液中与氢离子结合成水。要维持电池正常工作，燃料电池还需反应剂供给系统、排热系统、排水系统、电性能控制系统和安全系统。按照所用电解质的不同，氢-氧燃料电池又分成碱性电解质燃料电池、酸性电解质燃料电池、熔融碳酸盐燃料电池、固体电解质燃料电池等。

燃料电池的四个主要生产国是美国、德国、日本和韩国。

阅读材料

氢燃料电池汽车

目前汽车领域已经打响了一场有关未来新型能源汽车的全面战争，而这场战争的双方则分别是充电能源和燃料电池技术。随着特斯拉在全球掀起的一股电动汽车巨浪，相信现在许多人已经对汽车充电能源技术并不陌生了。不过，特斯拉的死敌氢燃料电池技术却并不为大家所知。丰田、通用、福特和现代这些汽车厂商均已经表示计划推出燃料电池汽车。丰田汽车公司表示氢燃料电池汽车在2014年底接受预订，于2015年正式发售，这是全球第一款实现量产，并将正式推向市场的氢燃料电池汽车。

氢燃料电池汽车的最大好处就是车主仅仅需要将车开到氢燃料补充站添加燃料即可，补充一次燃料的时间将被控制在5min以内。而目前对于电动汽车则要求车主将车开到充电站，并等待1h或以上的时间才能将电池充满。并且量产后的丰田氢燃料电池车续航里程达482km左右，也高于特斯拉。

特斯拉的总部就位于加州弗里蒙特地区，加州政府也并没有将使用氢能源燃料汽车的可能完全排除在外。加州政府计划建立25个全新的氢能源补充站点，这些站点在建立后将有能力满足4000辆氢能源汽车的使用需求。

有研究报告指出，现有加油站也完全有储存、为汽车补充燃料的能力。如果这一设想最终得以实施的话，氢燃料补充站点的分布数量将大大超越现有的汽车充电站点。

氢燃料汽车还由于自己续航里程和"加油"速度方面的优势，在加州复杂的车辆评级制度中获得了比电动汽车更高的评分。据美国汽车媒体《Green Car Reports》报道，目前有许多刚问世的氢燃料汽车都将加州视为自己的首发地点。加州空气资源委员会

(California Air Resources Board) 曾在 2012 年预计，未来道路上的氢燃料汽车数量最终将超越电动汽车的数量。

2.5 核能

相对于煤、石油、天然气等传统能源而言，核能是一种新型能源。核能的和平利用主要用于发电。核电站发电量占世界总发电量的 17%，成为世界重要能源之一。核能能源有核裂变能源、核聚变能源。另外，还可通过中子的增殖反应实现核燃料的增殖。

核能的发展离不开化学。寻找铀矿需要地质化学；从浓缩铀到反应堆燃料的制造需要化学分离；核反应也是化学反应之一；核废料中有用成分的回收和核废料的处理也需要化学和地球化学知识。

使用核能，我们必须了解使用核能的风险，然后才是意义。

2.5.1 核能利用的历史

1896 年法国科学家 Becquerel 发现了铀盐的天然放射性现象，他的同事 Marie 和 Pierre Curie 夫妇在 1898 年铀矿中发现了新的放射性元素钋（Po）和镭（Ra），开创了天然放射性和放射化学研究的新领域，他们 3 人共同获得 1903 年的诺贝尔物理学奖。

1938 年 Hahn O 和 Strassman F 在研究中子轰击 ^{235}U 时，虽然发现新元素的愿望没有实现，但却发现了另一类核反应：裂变。U 原子核受高能中子轰击时，分裂为质量相差不多的两种核素，同时又产生几个中子，还释放大量的能量。连续核裂变释放出很大的核能，若人工控制使链式反应能稳定连续进行，产生的能量加热水蒸气，推动发电机，这正是建设核电站的基本原理；若让裂变释放的能量不断积累，最后则可以在瞬间酿成巨大的爆炸，这是制造原子弹的原理。

随着第二次世界大战的爆发，核裂变的研究被引入到制造原子弹的工作中去。自 1939 年起，美国政府投入巨大的人力、财力用于研究原子弹。原子能的研究成果，不幸地被首先用于战争。1945 年 7 月 16 日在美国新巴西哥州的沙漠中，第一颗钚原子弹试爆成功，同年 8 月 6 日和 9 日美国分别在日本的广岛和长崎投下两颗原子弹。

在广岛投下的原子弹"小男孩（Little Boy）"，采用铀为原料，相当于 1.3 万吨 TNT，大约有 7 万人因"小男孩"的爆炸立即死亡。到 1945 年年底，因烧伤、辐射和相关疾病死亡的人数约为 11 万。到 1950 年为止，由于癌症和其他的并发症，共有约 20 万人因这次原子弹爆炸死亡，整个城市化为废墟。

投掷在长崎的钚原子弹叫"胖子"。相当于 2.2 万吨 TNT，造成 10 万多人死伤，整个城市 60% 的建筑被毁。

第二次世界大战结束后，科技人员很快致力于原子能的和平利用，使它造福于人类。1954 年前苏联建成世界上第一座核电站，功率为 5000kW。至今世界上已有 30 多个国家 400 多座核电站在运行之中，世界能源结构中核能的比例在逐渐增加。表 2-9 是世界目前及预期核电反应堆数和核电装机容量。

表 2-9 世界目前及预期核电反应堆数和核电装机容量

国家	2008年		2015年		2020年		2030年	
	反应堆数/座	装机容量/MW	反应堆数/座	装机容量/MW	反应堆数/座	装机容量/MW	反应堆数/座	装机容量/MW
美国	104	100367	105	104161	111	111812	121	127247
德国	17	20379	17	20379	17	20379	11	14193
法国	59	63363	59	64927	60	68170	63	76510
英国	19	10230	15	8816	17	11583	13	13943
瑞典	10	9037	10	9347	10	9447	7	8269
俄罗斯	31	21743	40	28797	44	33939	51	43103
日本	55	47587	56	49807	56	52648	52	55225
韩国	20	17500	26	24020	30	29380	34	35507
印度	17	3732	25	7972	37	18362	50	35786
中国	11	8602	31	28433	46	44694	72	71994
全球	439	372267	490	4259001	558	506981	654	654557

2.5.2 核裂变能源

N 个中子和 Z 个质子结合构成的某原子核 $^A_Z X_N$，其相对原子质量（即核子数）为 $A=N+Z$，将该原子分解为 A 个单独核子时所需能量与核子数 A 之比称为原子核 X 中每个核子的结合能。在原子核内，每个核子的结合作用是恒定的，与核子的大小无关，仅受相邻核子的吸引（核力的短程特性）。处于核内层和原子核表面层的核子，所受结合力的情况不同。对于 A 值很小的原子核，其核子多处于表面，结合较为松弛；而 A 值较大的核，多数核子处于内层，结合紧密，能量较高。当 A 值大到一定程度后，每个核子的结合能达到 8MeV 左右，然后保持不变。带电核子（质子）之间存在长程的库仑斥力，当原子核较大时，这些带电核子之间的库仑力影响越来越重要。质子数 Z 越大，库仑力的影响越大。具体表现在使结合能随 Z 的增大而逐渐降低，核子结合能渐渐低于 8MeV。最大结合作用存在于 A 值不很小，也不太大的区域内。

综上所述，中等大小的原子核具有更高的稳定性。如果将一个大的原子核分裂成为两个中等大小的碎片，即发生核裂变，不仅形成两个结合更紧密的稳定原子核，还会释放出能量。启动核裂变的必不可少的条件是通过"中子捕获"，即向原子核添加能量以克服原子核的表面作用。所形成新核的激发能量是捕获中子前原子核的能量与中子被核束缚的能量之和。

^{235}U 核捕获到能量仅为 $0.025eV(2.4kJ/mol)$ 的慢中子就可以进行裂变，而 ^{238}U 需获得一个动能为 $1.45\times10^8 kJ/mol$（实验值为 $1.06\times10^8 kJ/mol$）的快中子才能发生裂变。唯一天然存在能够裂变的核是 ^{235}U（同位素丰度 0.72%），它的裂变反应可表示为

$$^{235}_{92}U + ^1_0n \longrightarrow X + Y + {}^*(2\sim3)n$$

在裂变过程中，大核分裂成两个稳定的较小的核及一些中子。核分裂的方式有多种，多数裂变产物两部分的质量比为 3∶2。^{235}U 裂变的两组产物，轻组质量数为 72～117（如 ^{89}Sr、^{90}Sr、^{90}Y、^{95}Xr 等），重组质量数为 119～160（如 ^{140}La、^{141}Ca、^{144}Pr、^{147}Pm、^{133}Xe 等），其中大多数具有放射性。

裂变产生的中子如果数量足够、能量适中，就可以诱发新的裂变反应，造成一个能够自行维持的链式反应（即自持链式反应）。在核反应堆中，通过控制中子数量，使自持链式反应速率基本恒定。核弹中的裂变反应生成的中子引发更多的链式反应（即发散式链式反应），产生裂变的速率随时间急剧增大。快中子对 ^{235}U 的裂变不很有效，为了在铀中产生并维持链式反应，必须克服快中子的低效率。主要有两项措施：一个是提高 ^{235}U 的浓度（使用浓缩铀料），使 ^{235}U 有更多捕获快中子的机会；另一个是采用一种装置使快中子迅速失去能量。中子与质子、氘乃至碳等轻原子核作弹性碰撞（散射）比与铀等重核作非弹性碰撞（散射）失能更多，水（H_2O）、重水（D_2O）和石墨都可用作中子的减速剂。此外，还必须有足够量的铀防止从表面处损失的中子过多（即必须超过临界质量）。为了使反应不至于失控，还需要有一个可调节的中子吸收剂，以保证产生中子的速率与其被吸收的速率相均衡。

裂变能量主要是以裂变产物（碎片）的动能形式瞬间释放出来的，裂变碎片与相邻原子碰撞时迅速变成热能，这些能量约为相同质量可燃物质（如煤、原油等）燃烧放热的 10^6 倍，占核裂变总释能的 92%。约占总释能的 8% 的裂变碎片放射性衰变的能量，是在裂变发生后几分钟至几天的衰变过程中缓慢释放的。因此，终止裂变反应后，反应堆仍将产生热量，如果缺少立即停止释放能量的能力和手段，也将会造成安全问题。

目前用于发电的大多数核反应堆是以水作为冷却剂和中子减速剂的压水式反应堆（PWR）和沸水式反应堆（BWR）。我国自行设计建造的第一代核电站采用的就是安全性能好的压水式反应堆。一回路水在 1.57×10^4 kPa 下经过反应堆的活性区，将裂变释放的热量携带出来，压力壳出口水温 330℃。在蒸汽发生器中进行热交换，使二回路水汽化，并推动汽轮发电机组工作，蒸汽余热经三回路再次利用后，蒸汽凝聚成水经预热后又循环回蒸汽发生器。一回路中的水既作为反应堆燃烧元件（堆芯）的冷却剂和热载体，又是中子的减速剂。在沸水反应堆中，水作为中子的减速剂并吸收裂变能转变为蒸汽直接带动汽轮发电机组工作。

金属元素铀中仅以丰度为 0.72% 的 $^{235}_{92}$U 作为核燃料中的有效成分，而含量在 99% 以上的 $^{238}_{92}$U 不能利用，这种情况大大增加了核电成本并造成很大的资源浪费。增殖反应的典型实例是：在裂变反应中产生两个或更多有效的快中子，其中一个用以维持裂变链式反应的持续进行；另一个快中子由 $^{238}_{92}$U 接受并转变为 $^{239}_{92}$U，再经两级 β 衰变成 $^{239}_{94}$Pu：

$$n+^{238}_{92}U \longrightarrow ^{239}_{92}U \xrightarrow{\beta^-} ^{239}_{93}Np \xrightarrow{\beta^-} ^{239}_{94}Pu$$

$^{239}_{94}$Pu 与 $^{235}_{92}$U 以极其类似的过程进行核裂变反应。在增殖反应中，每有一个 $^{239}_{94}$Pu 发生裂变，产生的中子中就有一个（或多个）与 $^{238}_{92}$U 作用增殖出一个新的 ^{239}Pu，从而使反应堆中的 ^{239}Pu 不会耗尽，并使 ^{238}U 成为有用的燃料，极大地增加了可裂变燃料的供应。

增殖反应堆的建造和运行技术已日渐成熟，反应堆由一个装有高浓缩燃料（85％ ^{238}U 和 15％ ^{239}Pu）的堆芯构成，由于不需要慢化剂，故无须用水作为热载体将裂变能带走，其传热介质使用液态钠（或钠钾合金），因此不会导致高压产生。液态钠携带的热量可使第二回路中的水汽化，带动汽轮机组，由于反应堆中的钠、钾比水更能承受高温，因此反应堆发电效率可增至 40％。

增殖反应堆由于用未减速的中子轰击原子核引发裂变反应，故又称为快中子反应堆，简称快堆。

2.5.3 核聚变

利用核能的最终目标是要实现受控核聚变，裂变时靠原子核分裂而放出能量，聚变时则由较轻的原子核聚合（又称核融合）成较重的原子核而放出能量。如恒星持续发光发热的能量就是典型的核聚变能量。最常见的是由氢的同位素氘（又叫重氢）和氚（又叫超重氢）聚合成较重的原子核如氦而放出能量。核聚变与核裂变比有两个很大的优点：①地球上蕴藏的核聚变能远比核裂变能丰富得多。据测算，每升海水中含有 0.003g 氘，所以地球上仅在海水中就有 45×10^{12} t 氘。1L 海水中所含的氘，经过核聚变可提供相当于 300L 汽油燃烧后释放出的能量。地球上蕴藏的核聚变能约为蕴藏的可进行核裂变元素所能释放出的全部核裂变能的 1000 万倍，可以说，核聚变原料取之不竭。至于氚，虽然自然界中不存在，但靠中子同锂作用可以产生，而海水中也含有大量锂。②核聚变既干净又安全。因为它不会产生污染环境的放射性物质，所以是干净的。同时受控核聚变反应可在稀薄的气体中持续稳定地进行，所以是安全的。

目前已有不少方法可实现核聚变，最早的方法是"托卡马克"型磁场约束法。它利用通过电流所产生的强大磁场，把等离子体约束在很小范围内来实现。虽然在实验室条件下已接近于成功，但要达到工业应用还有一段距离。按照目前技术水平，要建立"托卡马克"型核聚变装置，需要几千亿美元。

另一种实现核聚变的方法是惯性约束法。惯性约束核聚变是把几毫克的氘和氚的混合气体或固体，装入直径约几毫米的小球靶丸内。从外面均匀射入激光束或粒子束，使靶丸中的核聚变燃料（氘、氚）形成等离子体，在这些等离子体粒子由于自身惯性作用还来不及向四周分散的极短时间内，通过向心爆聚，被压缩到高温、高密度状态而发生核聚变反应。由于这种核聚变是依靠等离子体自身的惯性约束作用而实现的，因此称为惯性约束核聚变。这种爆炸过程时间很短，只有几个皮秒（1ps 等于 10^{-12}s）。如每秒钟发生三四次这样的爆炸并且连续不断地进行下去，所释放出的能量就相当于百万千瓦级的发电站。原理很简单，但是现有的激光束或粒子束所能达到的功率，离需要的还差几十倍、甚至几百倍，加上其他种种技术上的问题，使惯性约束核聚变仍是可望而不可即。

2.5.4 核能利用的意义

从人类能源需求的前景来看，发展核能是必由之路，这是因为核能有其无法取代的优点。主要表现在以下几方面。

① 核能是地球上储量最丰富的能源，又是高度浓缩的能源。1t 金属铀裂变所产生的能量，相当于 2.7Mt 标准煤。地球上已探明的核裂变燃料按其所含能量计量，相当于化石燃料的 20 倍。另外，地球上还存在大量的聚变核燃料氘。1t 氘聚变产生的能量相当于 1Mt 标准煤，自然界每 1L 海水中含有 0.03g 氘。所以，将来聚变反应堆成功后，人类将不再为化石燃料枯竭的问题所困扰。

② 核电的经济性优于火电。虽然核电厂建造费用较高，一般比火电厂高出 30%～50%，但燃料费比火电厂低，火电厂的燃料费约占发电成本的 40%～60%，而核电厂的燃料费则只占 20%～30%。综合来算，核电厂的发电成本要比火电厂低 15%～50%。

③ 核电是较清洁的能源，有利于保护环境。目前世界上大量燃烧化石燃料的后果相当严重，燃烧后排出的大量有害气体和粉尘，不仅直接危害人体健康和农作物生长，而且还导致酸雨及"温室效应"，严重破坏生态平衡。核电没有这些危害，核电站严格按照国际上公认的安全规范和卫生规范设计，对放射性"三废"进行严格的回收处理。核电站运行经验证明，每发 1000 亿度电，放射性物质排放总剂量平均为 1.2Sv（希沃特或简称希，辐射剂量的一种单位），而烧煤的火力发电站每发 1000 亿度电的灰渣中，放射性物质总剂量约为 5Sv。可见，即使仅从放射性物质排放角度看，核电也比火电小。

④ 以核燃料代替煤和石油，有利于资源的合理利用。煤和石油都是化学工业的宝贵原料，基本的有机化工原料"三烯、三苯、一炔、一萘"来源于煤和石油。煤和石油作为化工原料使用要比用作燃料的利用价值高得多。

总之，核能是安全、经济的能源。它的合理、安全的利用是解决能源问题的有效途径之一。

2.5.5 我国核能利用

我国核电的真正起步是在 1983 年，我国政府制订了发展核电的技术路线和政策，决定重点发展水堆核电厂，采用"以我为主，中外合作"的方针，引进国外的先进技术，逐步实现设计自主化和设备国产化。并于 1984 年和 1987 年开始动工兴建浙江秦山核电站（图 2-10）和广东大亚湾核电站，1994 年两座核电站分别投入商业运行。随后

图 2-10　浙江秦山核电站

相继建成了秦山2期、秦山3期、冷澳、田湾等核电站。目前还有10多座核电站在规划或正在建设当中，其中包括湖南桃花江核电工程（位于桃江县沾溪乡）。

从发电总量来看，核能发电仅占我国总发电量的2%，远落后于发达国家和世界平均水平，我国政府也有意加快核电的建设。

2.5.6 核能利用不能回避的问题

从人类能源需求的前景来看，发展核能是必由之路，但有两个问题必须得到很好的解决：一是如何保证核电站的安全运行；二是如何处理核废料。

国际上曾发生过三次重大的核电事故。第一次发生在1979年3月28日美国宾夕法尼亚州三里岛核电站。因反应堆冷却系统失灵，使堆心部分过热，致使部分放射性物质进入大气，但事故得到了及时的处理，没有引起爆炸。事故造成的人员伤害也不是很严重，只是核电站受到一定程度的破坏。第二次是1986年4月26日前苏联马克兰基辅市北部的切尔诺贝利核电站事故，反应堆因人为差错和违章操作发生猛烈爆炸，反应堆内放射性物质大量外泄，造成大面积的环境污染，人畜伤亡惨重。受放射性伤害轻者有白细胞减少、恶心、呕吐、脱发等症状，重者则有出血、溃疡、遗传失常、癌症、死亡的可能。第三次是2011年3月11日因日本9级地震和海啸引发的福岛核电站核爆炸和核泄漏事故（图2-11），100人左右因辐射患上癌症，并导致大量的污水外泄。日本福岛核事故后，德国等国家考虑到核电的安全问题决定不再兴建新的核电站，现有的核电站也将逐渐关闭。

图 2-11　日本福岛核事故

核能的开发必须坚持"安全第一"的思想，不能有一点侥幸心理。站址要设在地质结构稳定的岩石层，能承受地层、洪水、飓风等各种自然灾害的侵袭。反应堆的外壳要充分考虑各种可能产生的高温高压情况，操作人员必须经过严格培训和考核才能上岗。国际原子能委员会还会组织专家对各核电站进行评审，确保安全。总之，核能的开发，安全必须先行。我国自1982起决定要稳妥而积极发展核电，第一个自行设计的30万千瓦核电站，建在浙江省秦山脚下，地质构造良好、靠山临海，1995年7月正式通过国家验收。后来又相继建设了第2期和第3期工程。秦山核电站三期工程，丰富了我国核电管理经验，培养了我国核电管理人才，为和平利用核能奠定了基础。

核电站废料的处理也是非常棘手的事情，U-235裂变产生的碎核都具有放射性。反应堆工作一定时间以后，必须更换新的铀料，如何处理、运输、掩埋卸下的放射性废料是一个不能很好解决的问题。早期曾将废料直接埋入地下，但即使掩埋较深，久而久之地下水总会使这些放射性物质扩散。后来又将废料装在金属桶里，外面加一层混凝土或沥青，弃于海底。在大西洋北部和太平洋北部都有这些废料的墓地。经多次国际会议商讨，认为废料中还有些有使用价值的放射性物质和非放射性物质，应提取分离，这一过程叫"后处理"。进行"后处理"后的其他放射性废料应装入特制容器，容器应具有防震、防腐、防泄等特性。然后将容器深埋在荒无人烟的岩石层里，使它长期与生物界隔离，不扩散核污染。随着核电的发展，核废料的处理是必须认真解决的重要问题。

2.6 氢能

氢能是指以氢及其同位素为主体的反应中或氢状态变化过程中所释放的能量。氢能包括氢核能和氢化学能两大部分。20世纪70年代，许多系统工程学家已经准确地看到，将来的经济如果建筑在以氢为通用能源的基础上，可解决化石燃料的枯竭和环境污染等很多严重的问题。会对人类社会和人们的生活环境带来巨大利益。因此，人们把对氢能源的研究与开发这一概念称为"氢经济"。氢作为二次能源进行开发，与其他能源相比有明显的优势。①氢作为化学能源，其燃烧产物只是水，不会污染环境，堪称清洁能源。②氢是地球上取之不尽，用之不竭的能量资源。③氢能源热值高，约是汽油的2.6倍、煤的4.8倍，而且燃烧温度可以高达2000℃。④氢的输送与储存，比优质的二次能源——电能损耗小得多。氢-氧燃料电池还可以高效率地直接将化学能转变为电能，具有十分广阔的发展前景。

2.6.1 氢的制备

单质氢的制备取决于制备技术，但制备技术的发展除去技术本身的问题外，很大程度上还取决于生产过程的成本，包括原料费用、设备费用、操作与管理费用等，以及产品及副产品的价值。此外，还取决于资源的丰富程度，以及对环境保护的重视程度等。传统的制氢技术包括：烃类水蒸气重整制氢法、重油（或渣油）部分氧化重整制氢法和电解水制氢法等。目前，以生物制氢为代表的新制备方法也日益受到各国的关注，预计到21世纪中期将会实现工业化生产，利用工农业副产品制氢的技术也在发展。此外，利用其他方式的能量分解水制备氢的技术也受到了广泛的重视，如热化学循环制氢、利用太阳能、地热能、核能制氢等。

目前，世界各国的制氢技术仍以石油、天然气的蒸汽重整和煤的部分氧化法为主。其中蒸汽重整法是目前最为经济的方法，被用于集中式大规模制氢，在美国和欧洲，石油和天然气的重整制氢占到90%以上。这种制氢技术的研究重点是提高催化剂的寿命和热的高效利用。这类以化石燃料为基础的制氢方法还包括重油部分氧化制氢、水蒸气法制氢、甲烷催化裂解制氢等方法。制氢技术见图2-12。

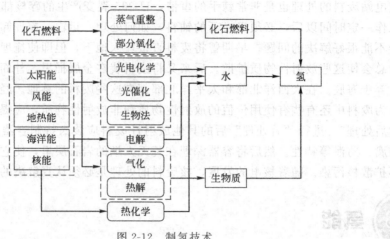

图 2-12 制氢技术

水电解制氢是很成熟的一种传统制氢方法,具有产品纯度高和操作简便等特点,目前利用电解水制氢的产量约占总产量的 1%～4%。虽然近年来对电解水制氢技术进行了许多改进,但工业化的电解水制氢成本仍然很高,很难与以化石燃料为原料的制氢方法竞争。在电解水制氢的生产费用构成中,原材料和能源费用占 82%,设备投资费用占 14%,操作与管理费用占 4%。显然,电费占整个电解水制氢生产费用比例太大。但是随着人们对水力、风能、地热能、潮汐能、太阳能等资源的开发水平的提高,利用这些资源丰富地区富余电力进行电解水制氢就可以获得较为廉价的氢气,还可以实现资源的再生利用,具有很大的经济效益和社会效益。人们所指真正绿色的氢经济,也正是针对这类制氢技术而言的。

利用太阳能制氢主要有光解水制氢和氧化还原制氢两种方式。一般认为,利用太阳光分解水制氢是一种最理想的方法,也可能是未来制氢的基本方法。因为地球上的水资源和太阳能取之不尽、用之不竭。同时,这种方法可以实现模块化的设计思想,可以与燃料电池很好地组合使用。但是,水分子中氢与氧原子结合的化学键相当稳定,利用光分解水必须使用催化剂。日本科学家最近宣布研制成了这种催化剂,在太阳光的可见光波段就能将水分解为燃料电池所需的氢和氧,但这种方法又存在光电转化效率低的问题。

利用核能制氢主要有两种方式:第一种是利用核电为电解水制氢提供电力;第二种是将反应堆中的核裂变过程所产生的高温直接用于热化学制氢。与电解水制氢相比,热化学制氢的效率较高,成本较低。目前日本原子能研究所、美国橡树桥国家实验室、美国通用原子能公司、法国 CEA 等都在进行核能热化学循环分解水制氢法的研究。我国也非常重视核氢技术的研究。高温气冷堆能够提供高温工艺热,是最适合于制氢的反应堆堆型。清华大学核能与新能源技术研究院于 2001 年建成了 10MW 高温气冷实验反应堆,2003 年达到满功能运行。200MW 高温气冷堆示范电站建设已经列入国家重大专项课题。

由于生物质资源取之不尽,使用可再生的生物质制氢符合可持续发展战略,同时有着比较高的能源转换效率,已引起世界各国广泛的关注。德国、美国、日本、英国、俄罗斯、葡萄牙、瑞典等国家都投入了大量的人力、物力对该项技术进行研究开发。近几年，美国每年用于生物质制氢技术研究的费用平均为几百万美元，而日本每年在该研究领域的投资则是美国的 5 倍左右。日本和美国等一些国家为此还成立了专门机构，并建立了生物质制氢发展规划，以期通过对生物质制氢技术的基础和应用的研究，在 21 世纪中叶使该技术实现商业化生产。目前生物质制氢法主要有两类：生物质气化制氢和微生物制氢。生物质气化制氢即将生物质原料如薪柴、秸秆、稻草等压制成型，在气化炉（或裂解炉）中进行气化或裂解反应制得含氢燃料。微生物制氢技术则是利用微生物在常温下进行酶催化反应制氢，这类制氢技术主要有化能营养微生物产氢和光合生物产氢两种。化能营养微生物是指各种发酵类型的，一些严格厌氧菌和兼性厌氧菌。发酵微生物产氢的原始基质是各种糖类化合物、蛋白质等。目前已有利用糖类化合物发酵制氢的专利，并利用所产生的氢气作为发电的能源。光合微生物如微型藻类和光合作用细菌的产氢过程与光合作用相联系，称光合产氢。

氢的制备是整个氢能经济的首要环节，要满足氢经济所需要的足够的氢，还需要从经济的角度对制氢方法进行研究与改善。要进一步降低氢的生产成本，应将研究重点同时放在对现有蒸汽甲烷重整、多燃料气化和电解等传统方法的改善上，以及催化光解水制氢、核热化学分解、生物质分解等新技术的研发上。

2.6.2 氢的输送与储存

氢气的输送和储存所需技术与输送和储存天然气（甲烷）的技术大致相同，氢气可以像天然气一样通过管道输送。目前工业上所用的氢的输送与储存技术大致有以下 4 种。

（1）加压气态储存　氢气可以像天然气一样用高压钢瓶储运，但是容积 40L 的钢瓶在 15MPa 下只能装 0.5kg 氢气，不到装载器重量的 2%，运输成本太高，此外还存在氢气压缩的能耗和相应的安全问题。目前正在研究一种微孔结构的储氢装置，其主体是微型球，微型球的薄壁（1~10μm）上布满微孔（10~100μm），氢气储存在微孔中。微型球可以用塑料、玻璃或陶瓷等制造。

（2）深冷液化储存　将 H_2 冷却到 $-253°C$，H_2 即可液化。液氢可以作为氢的储存状态，它通过高压氢气绝热压缩生成。液氢汽化焓仅 0.91kJ/mol，因此稍有热量从外界渗入容器，液氢就会快速沸腾而损失。短时间储存液氢的储槽是敞口的，允许有少量氢蒸发以保持低温，较长时间储存液氢则需用真空绝缘储槽。液氢和液化天然气在极大的储罐中储存时都存在热分层问题，即储罐底部液体承受来自上部的压力而使沸点略高于上部，上部液氢由于少量挥发而始终保持极低温度。静置后，液体形成下热上冷的两层。上层因冷而密度大，蒸气压因而也低，而底层略热而密度小，蒸气压也略高。显然这是一个不稳定状态，稍有扰动，上下两层就会翻动，如略热而蒸气压较高的底层翻到上部，就会发生液氢暴沸，产生大体积氢气，使储罐爆破。为防止事故的发生，较大的储罐都备有缓慢的搅拌装置以防止热分层，较小储罐则加入约 1% 体积的铝刨花，以加强上下层的热传导。

（3）金属氢化物储氢　金属氢化物储氢是利用 H_2 与金属的可逆反应，氢能与某些特殊的金属反应生成金属氢化物并放热同时将 H_2 固定。反应又有很好的可逆性，通过适当改变温度和压强即可发生逆反应，当给金属氢化物加热时，它分解为金属并放出 H_2，且释氢速率较大。

目前研究成功的储氢合金大致可分为四类：稀土镧-镍系、铁-钛系、镁系、钒-铌-锆等多元素系。金属或合金，表面总会生成一层氧化膜，还会吸附一些气体杂质和水分，这些会妨碍金属氢化物的形成，因此必须进行活化处理。有的金属活化十分困难，限制了储氢金属的应用。金属氢化物的生成伴随着体积的膨胀，而解离释氢过程中又会发生体积收缩。经多次循环后，储氢金属易破碎粉化，使氢化和释氢渐趋困难。例如具有优良储氢和释氢性能的 $LaNi_5$，经 10 次循环后，其粒度由 20 目降至 400 目。如此细微的粉末，在释氢时就可能混杂在氢气中堵塞管路和阀门。金属的反复胀缩还可能造成容器破裂漏气。虽然有些储氢金属有较好的抗粉化性能，但减轻和防止粉化仍是实现金属氢化物储氢的前提条件之一。杂质气体对储氢金属的性能也有一定的影响，虽然氢气中夹杂的 O_2、CO、CO_2、H_2O 等气体的含量甚微，但反复操作，杂质气体积累到一定的程度时，能使部分金属发生程度不同的中毒，影响氢化和释氢性能。多数储氢金属的储氢质量分数仅 1.5%～4%，储存单位质量氢气，至少要用 25 倍的储氢金属，材料的投资费用太大。由于氢化是放热反应，释氢需要供应热量，实际运用中需装设热交换设备，进一步增加了储氢装置的体积和重量。因此，这一技术要实现实用和推广，仍有大量难题等待人们去研究和探索。

(4) 非金属氢化物储氢　由于氢的化学性质活泼，它能与许多非金属元素或化合物作用，生成各种含氢化合物，可作为人造燃料或氢能的储存材料。例如氢可与 CO 催化反应生成烃和醇。甲醇本身就是一种燃料，甲醇既可替代汽油作内燃机燃料，也可掺兑在汽油中或生成二甲醚供汽车使用。它们的储存、运输和使用都十分方便。甲醇还可脱水合成烯烃。氢与一些不饱和烃加成生成含氢更多的烃，将氢寄存其中。例如，C_7H_{14} 为液体燃料，加热又可释放出氢，因此也可视为液体储氢材料。氢可与氮生成氮的含氢化合物氨、肼等，它们既是燃料，也是氢的寄存化合物。或可用硼或硅的氢化物储氢，有些硼氢化合物也可分解释放出氢气。

2.6.3　氢化学能的利用

(1) 氢直接作为燃料　氢直接燃烧产物只有水，无其他污染物。燃料产物经冷凝回收可用于补充淡水供应，在缺少淡水的地方使用更有价值。

(2) 氢用作发动机燃料　用氢气为燃料往往比用化石燃料更优越，除无污染外，燃烧效率也有所改善，氢的燃烧产物对发动机的腐蚀也最轻，能延长发动机使用寿命。在车船上使用氢动力内燃机，需要解决的最关键问题是燃料氢的储存。关于这方面的研究在进行中。

(3) 燃氢飞机　H_2 沸点低、燃烧热值大、有很强冷却能力，燃烧无积炭、无腐蚀，所以燃氢飞机更适合于高空和高（超）音速飞行。但液氢作为燃料使用还存在不少问题。例如飞机上液氢的储存和储量、机场氢的液化、储存、输送等。

(4) 宇航推进剂　液氢作为火箭发动机燃料有很多优点：氢-氧反应释放的燃烧热

大（$1.21×10^5$ kJ/kg H_2），燃烧产物的排气温度高（约3000℃），是一般烃类燃料不能达到的；液氢、液氧都是低温液体，液氢比热容大，可同时用作火箭高温部件和发动推力室的冷却剂，回收的能量可再送入燃烧室使用，使发动机工作状况得到改善。

由于液氢相对密度小，液氢储箱体积较大，不太适合作为运载火箭的第一、第二级燃料。而在其后的各级使用氢-氧发动机，其有效载荷可比同推力一般液体燃料火箭高50%左右。液氢-液氧火箭发动机曾为阿波罗宇宙飞船登月飞行和航天飞机的顺利发射提供过巨大能量。西欧诸国联合研制的阿丽亚娜运载火箭的第三级和日本研制的 H-1 运载火箭的第二级也是液氢-液氧发动机，此类发动机也为我国长征运载火箭的连续多次成功发射作出了巨大贡献。

(5) 用作燃料电池的原料　日本丰田公司即将推出一款新能源汽车，该车使用氢燃料电池取代汽油，能实现完全无污染排放。

2.7　太阳能

2.7.1　太阳能

太阳是一个在高温高压下不断进行热核聚变反应的炽热球体。在太阳球体的核心，持续发生着使氢聚变为氦核的聚合反应，同时释放出巨大的能量（$3.865×10^{23}$ kJ/s），温度高达 $(8～40)×10^6$ K。大约太阳能量的22亿分之一（约 $1.765×10^{14}$ kJ/s）照射到地球大气上界，太阳光透过大气层到达地球表面的能量约为 $8.1×10^{13}$ kJ/s，这是一个巨大的能量资源。太阳能指由太阳发射出来并由地球表面接受的这一部分辐射能，太阳能是地球上主要能源的总来源，与常规能源相比，太阳能具有如下特点：①太阳是个持久、普遍、巨大的能源来源。从地球诞生，阳光就照射着地球，向地球提供能量。按太阳的质量估算，它还有60亿年以上的寿命，因此可以说太阳能是取之不尽、用之不竭的。②太阳能是洁净、无污染的能源。③太阳能无偿地提供给地球的每一角落，可就地取材，不受市场的垄断和操纵。④太阳能是清洁的、安全的能源。但太阳能的利用也有一些不利方面，例如，太阳能的能量密度低，在日地平均距离处阳光垂直辐照时，被大气和地球表面吸收的太阳能仅约 0.6 kW/m^2。就每个地域来说，能量供应是间断性的，受昼夜、阴晴、季节、纬度等因素影响较大，能量供应不稳定。因此给太阳能的采集和使用带来许多技术上和经济上的困难，尚有大量课题需要研究。

2.7.2　太阳能的利用

太阳能的利用主要有三条途径，即光热转换、光电转换和光化转换。

(1) 光热转换　太阳能热水器是大家最为熟悉的光热转换设备。太阳能热转换系统一般由集热、储热和供热三部分组成，有时还配备辅助能源。太阳能集热器分为平板型和聚焦型两类，是通过对太阳能的采集和吸收将辐射能转换为热能的装置。

平板型集热器能收集太阳直射和散射的能量，由吸热体吸收，转换为热能。一般可获得 40~70℃ 的热水或热空气。吸热体常用铜、铝合金、薄钢板、黑色塑料和橡胶制成。为减少散热损失，吸热体背后和侧面还装有保温层，用热导率小、能耐受一定温度的膨胀珍珠棉或泡沫塑料制成。聚焦型集热器由集光器和接受器组成，有的还有阳光跟踪系统。集光器把照射在采光面上的光线辐射、反射或折射汇聚到接受器上形成聚焦面，从而使接受器获得比平板型集热器更高的能量密度，使载热介质的工作温度提高。聚焦型太阳灶可获得 500℃ 以上的高温，采光面的几何形状多为旋转抛物面、椭球面或球面。反光层材料多为镀铝、喷涂铝或背面镀银、镀铝的玻璃或透明塑料膜。聚焦型太阳灶是我国应用较广泛的一类集热器，它对缓解农村生活用能源的不足发挥了重要作用。国内聚光灶多为抛物面反射型，结构简单、操作方便、聚光效率高于 50%，能满足一般的炊事要求。

虽然地面上太阳辐射的能量密度低，但大面积集热可输出的能量很大。1913 年美国人 F. Shuman 建造了总面积 1200m² 的抛物面聚焦集热器，带动蒸汽机的输出功率达 73.5kW。20 世纪 80 年代，随太阳能材料和系统控制技术的进展，美国加州含 9 个槽形抛物面的聚焦集热太阳热发电站总容量达 354MW，实现了商业运营。

(2) 光电转换　光电转换即将太阳能转换成电能。目前光电转换的途径有两条：一是热发电，就是先用聚热器把太阳能变成热能，再通过汽轮机将热能变成电能；二是光发电，就是利用太阳能电池的光电效应，将太阳能直接转变为电能。

我国光伏发电产业于 20 世纪 70 年代起步，90 年代中期进入稳步发展时期。太阳电池及组件产量逐年稳步增加。经过 30 多年的努力，已迎来了快速发展的新阶段。

2007 年是我国太阳能光伏产业快速发展的一年。受益于太阳能产业的政策扶持，整个光伏产业出现了前所未有的投资热潮。到 2007 年年底，全国光伏系统的累计装机容量达到 10 万千瓦（100MW），从事太阳能电池生产的企业达到 50 余家，太阳能电池生产能力达到 290 万千瓦（2900MW），太阳能电池年产量达到 1188MW，超过日本和欧洲，并已初步建立起从原材料生产到光伏系统建设等多个环节组成的完整产业链，特别是多晶硅材料的生产取得了重大进展，突破了年产千吨大关，出口量大增，为我国光伏发电的规模化发展奠定了基础。由于我国光伏产业投资过热，加之国外的贸易保护，导致我国后续几年光伏产能过剩，大量光伏企业处于亏损状态或关门倒闭。

"十二五"时期，我国新增太阳能光伏电站装机容量约 10000MW，太阳能光热发电装机容量为 1000MW，分布式光伏发电系统约 10000MW。

我国已跻身光伏产品制造大国，光伏产品主要用于出口。2010 年，全球太阳能光伏电池年产量达 16000MW，其中我国年产量为 10000MW。我国崛起了以尚德电力、英利绿色能源、江西赛维 LDK、保利协鑫为代表的一批著名企业和以江苏、河北、四川、江西四大光伏强省为代表的一批光伏产业基地。

(3) 光化转换　光化转换即将太阳能转换成化学能，再转换成电能等其他形式的能量。如利用太阳能电解水或光催化分解水制取氢气然后再利用氢能等。

2.8　生物质能

生物质能即指由太阳能转化并以化学能形式储藏在生物质中的能量。生物质本质上是由绿色植物和光合细菌等自养生物吸收光能,通过光合作用把水和二氧化碳转化成糖类而形成的。绿色植物只吸收了照射到地球表面的辐射能的 0.024%。即使如此,每年新产生的生物质约为 1700 亿吨,相当于 850 亿吨标准煤或 600 亿吨油,约相当于 2007年全球一次能源供应总量的 5 倍。因此生物质能是一种极为丰富、无限再生的能量资源,也是太阳能的最好储存方式,其开发应用将有着巨大的空间和前景。

按照资源类型,生物质能包括古生物化石能源、现代植物能源和生物有机质废弃物。古生物化石能源主要指煤、石油、天然气等。现代植物能源通过燃烧,可提供大量的能量,自人类学会用火以来一直作为能源沿用至今。为了进一步提高能源的利用率,尽可能减少环境污染,常采用生物质气化、生物质液化等手段。现代人类生活和生产活动消耗了大量生物有机物质,在此过程中产生的废弃物,如城市垃圾等已成为生物质能的重要组成部分。

2.8.1 光合作用

光合作用是指绿色植物和光合细菌体内的叶绿素吸收光能使二氧化碳和水合成有机物并释放出氧气,把光能转换为化学能储积于有机物中的过程,光合作用的总反应可以表示为:

$$6CO_2(g) + 6H_2O(l) \xrightarrow{h\nu} 6O_2(g) + C_6H_{12}O_6(s)$$
$$\Delta_r H_m^\ominus = 2705 \text{kJ/mol}$$

叶绿素是卟啉衍生物与 Mg^{2+} 形成的配合物,其重要功能是参与生物体光合作用。反应中,生物体借助于光能(太阳能)高效率地吸收空气中的二氧化碳(含量约 0.03%)、土壤中的水分和氮、磷、钾等矿物质营养元素(含量低于 0.1%),把简单的无机物转化为糖类等有机物,并把太阳能转换成化学能。人类和动物界在以有机物为食的代谢过程中,这些能量又被释放出来,满足生命活动的需要。光合作用是高效能的光化学氧化还原反应,水分、光照、温度等因素均对光合效率有显著影响。

2.8.2 直接燃烧技术

直接燃烧是生物质能最普通的转换技术,主要应用于农村。生物质燃料(秸秆、薪柴等)的燃烧是与空气中的氧强烈放热的化学反应。反应总效果是光合总反应的逆过程,同时将化学能(被储存的太阳能)转换为热能。

$$C_6H_{12}O_6(s) + 6O_2(g) \longrightarrow 6CO_2(g) + 6H_2O(g) \quad \Delta_r H_m^\ominus = -2705 \text{kJ/mol}$$

通过改进农村现有的炊事炉灶,使用节柴灶,可以提高燃烧效率 20% 左右。促进了生物质资源的合理利用,减轻了对植被和森林的破坏,有利于生态的良性循环,使卫生条件也得到改善。

此外,生物质燃烧所产生的能量还可应用于工业过程、区域供热、发电及热电联产等领域。1990 年我国开始推广半气化燃烧装置,使木柴、果壳、稻麦草的压块充分燃烧,直接用于物料干燥和加工,也可通过换热器输出 60~400℃的洁净热空气,用于生产和采暖。农业废物有巨大的能源潜力。蔗渣曾用作制糖的燃料,现又用来发电。例如巴西的蔗渣发电厂产能达 300MW，夏威夷 15 家糖厂为当地提供了 10% 的电力。垃圾中的有机质除分离制复合肥料外，还可用于供热和发电。20 世纪 90 年代初，全球已有 500 余座将生物质用于供热和发电的工厂。如美国圣地亚哥牛粪发电站装机容量为 16MW，燃烧牛粪 40t/h。

2.8.3 沼气技术

沼气是有机质在厌氧条件下，经过微生物发酵生成以甲烷为主的可燃性气体。自然界中常可见到在湖泊或沼泽中有气泡从水底的污泥中冒出，这些气体就是沼气。沼气的主要成分是 CH_4（约 60%）和 CO_2（约 35%），还有少量 H_2S、H_2、CO 和 N_2 等其他气体。原料和发酵条件不同，所得沼气的成分也不同。生成沼气的过程称为沼气发酵。

$$(C_6H_{10}O_5)_n + nH_2O \xrightarrow{\text{甲烷菌}} 3nCO_2 + 3nCH_4$$

一般情况下，沼气发酵可分为三个阶段。第一阶段，微生物分泌胞外酶将生物质分解为水可溶性物质；第二阶段，进入微生物细胞的可溶性物质被各种胞内酶进一步分解代谢，成为挥发性的脂肪酸等；第三阶段，由甲烷菌完成生成甲烷的反应。

通常生物质在厌氧条件下经过微生物发酵会产生三种物质。一是沼气，除炊事、照明、孵化外还可作为内燃机燃料（用于驱动汽车、发电、抽水等）；二是消化液（沼液），沼液含丰富的维生素、氨基酸、生长素、腐植酸等生物活性物质及氮、磷、钾、微量元素，是优良的高效有机肥；三是消化污泥（沼渣），主要成分是菌体、难分解的有机残渣和无机物，是一种优良的有机肥，并有土壤改良功效。随着经济的发展，大量工业有机废水和城镇生活污水已成为重要环境污染源。沼气发酵能使废水中 COD 降低 20%，并能回收沼气能源。发展沼气已经成为消除有机污染、改善人类生存环境的重要途径之一。

2.8.4 气化技术

生物质气化是生物质在缺氧或无氧条件下热解生成以一氧化碳为主要有效成分的可燃气体，从而将化学能的载体由固态转化为气态的技术。由于可燃气体输送方便、燃烧充分、便于控制，因而扩大了生物质能的应用范围。20 世纪 20 年代，人们开发了煤炭和木柴的气化技术，进入 70 年代，研究重点转向农林业废弃物和城镇垃圾可燃部分的气化以扩大能源来源、提高能源品位、减轻废弃物对环境的污染。从 80 年代始，我国研制了新一代农业废物气化技术，缓解了农业生产和生活用能的紧张局面。

垃圾气化是指在密闭的容器中，将垃圾进行缺氧燃烧，利用空气和蒸汽作为混合气化剂，使垃圾释放出大量的一氧化碳、氢气、甲烷等可燃性气体，再经过过滤和清洗后，可将该气体转化为电能或热能来进行利用。由于整个气化过程温度较低（800℃），不会大量生成氮氧化物；气化过程中产生的二噁英可以利用急冷设施配合活性炭吸附塔以及布袋除尘装置完全去除。

等离子气化是在更高温的情况下蒸发垃圾，使更多有机废物气化，在几乎无氧的情况下，垃圾中的有机成分不会燃烧，而是转变为一氧化碳和氢气。与普通气化温度仅为

800℃相比，等离子气化温度高达10000℃。等离子气化技术的另一优点是高温不会使垃圾变成细灰，而是玻璃质固体，这种固体理论上可以用作建筑行业里的填充料。但是等离子垃圾气化本身耗能巨大，难以产生经济效益。

目前美国、德国、日本、加拿大、法国、英国和葡萄牙等国已经建立了气化垃圾技术的试点厂，其中大部分使用的是等离子气化技术。

随着我国城镇化的发展，城市生活垃圾大量增加，造成了垃圾包围城市之势。考虑到城市生活垃圾中富含生物质，应对其进行有效的处理和利用。垃圾气化就是一种较理想的途径。过去处理垃圾的方法是通过焚烧炉燃烧产生蒸汽，驱动涡轮机，带动发电机发电。相比而言，气化垃圾比焚烧垃圾能产生更多的可用能量，而且排放的有毒有害物质会更少。

2.8.5 液化技术

生物质液化是通过热化学或生物化学方法将生物质部分或全部转化为液体燃料。液化方法主要有：热分解法、直接液化法、水解发酵法和植物油脂化法等。生物液体燃料是指以生物质为原料生产的液体燃料，如生物柴油、乙醇以及二甲醚等，可以用来代替或补充传统的化石燃料。

生物质中的淀粉质或糖质或可转化为糖质的原料在微生物作用下经糖化后可进一步转变为酒精。大规模应用酒精作为汽车燃料是近年生物质能应用的一大进展。这样可以减小对石油能源的依赖，同时减轻汽车尾气的污染。巴西90%以上的小汽车大量使用燃料乙醇作为动力。针对我国缺油的国情，我国也在大力发展燃料乙醇技术，燃料乙醇在我国具有广阔发展前景。随着国内石油需求的进一步提高，以乙醇等替代能源为代表的能源供应多元化战略已成为我国能源政策的一个方向。我国已成为世界上继巴西、美国之后第三大生物燃料乙醇生产国和应用国。我国已经颁布了《变性燃料乙醇》和《车用乙醇汽油》两项产品的国家标准，出台了《关于促进玉米深加工业健康发展的指导意见》，要求不再建设新的以玉米为主要原料的燃料乙醇项目，并大力鼓励发展以非粮作物为原料，开发燃料乙醇。燃料乙醇走向了非粮乙醇发展的道路，并得到了快速发展。

生物质干馏和热解除得可燃气体、焦炭外，干馏的液体产物——粗木醋液中有工业利用价值的有：乙酸、乙酸乙酯、甲醇、丙醇、乙醛、糠醛、丙酮等。如松节油也是木材干馏的重要产物。由于液体燃料的能量密度大，储运、使用均较方便，精炼后可得优质燃料，近年来由生物质热解得来的液体产物备受重视。

生物柴油技术近年获较快发展。我国草本、木本含油植物达400多种，其种子中所含油脂主要是甘油三酯。为了使其燃烧特性更接近柴油，在油脂中定量加入甲醇或乙醇，在催化剂作用下得到类似柴油的酯化燃料并可分离出甘油和其他副产物。

人类开发利用生物质能已有悠久历史。由于资源量大，可再生性强，随着科学技术的发展，人们不断发现和培育出高效能源植物和生物质能转化技术，生物质能的合理开发和综合利用必将对提高人类生活水平，为改善全球生态平衡和人类生存环境作出更积极的贡献。

思考题

1. 查阅资料，说说我国能源的分布和利用情况。
2. 什么叫一次能源、二次能源、可再生能源、非可再生能源、常规能源和新能源？
3. 通常说的煤化工包括哪几个方面？
4. 何谓石油化工？通常说的石油化工包括哪几个方面？
5. 查阅资料，说说如何安全利用核能。
6. 查阅资料，谈谈可充电电池和燃料电池的发展情况。
7. 查阅资料，说说如何合理利用新能源。
8. 查阅资料，谈谈我国发展光伏产品的生产现状和发展前景。
9. 什么是生物质能？当前世界利用生物质能的技术主要有哪些？
10. 查阅资料，体会历史上因争夺能源而爆发战争的前因后果。

Chapter 03

第 3 章
化学与环境

3.1　环境问题概述

3.2　水污染

3.3　大气污染

3.4　土壤污染

3.1 环境问题概述

3.1.1 环境问题的发展

随着经济的发展，环境问题日益突出，环境问题已成为当今世界面临的重大问题之一（联合国把人口、资源、粮食、环境与发展并列为当今国际社会的五大问题）。

环境问题的本质是人与自然界的关系问题。由于人类的活动或自然原因，引起了环境的破坏和污染，以致影响人类的生产和生活，给人类带来了危害，这就是环境问题。

环境污染按不同的分类标准有不同的划分，按环境要素分，有大气、水体和土壤污染等；按污染物的性质分，有生物、物理和化学污染等；按污染物的形态分，有废气、废水、固体废物、光和辐射污染等；按污染物产生的来源分，有生活、工业、农业污染等。

环境污染（公害）随着工业化的发展而逐渐加重和升级。

(1) 公害发生期　产业革命时期是公害发生期。

从18世纪下半叶起，经过整个19世纪到20世纪初，英国等欧洲国家、美国和日本相继实现了工业革命，最终建立以煤炭、冶金、化工等为基础的工业生产体系。这是一场技术与经济的革命，它以蒸汽机为基本动力。而蒸汽机的使用需要以煤炭作为燃料，因此，随着工业革命的推进，地下蕴藏的煤炭资源便有了空前的价值，煤成为工业化初期的主要能源，煤炭产量大幅度上升。煤的大规模开采、燃烧，也必然会释放大量的烟尘、二氧化硫、二氧化碳、一氧化碳和其他有害的污染物质。

与此同时，在一些工业先进国家，矿冶工业的发展既排出大量的二氧化硫，又释放许多重金属，如铅、锌、镉、铜、砷等，污染了大气、土壤和水域。而这一时期化学工业的迅速发展，构成了环境污染的又一重要来源。另外，水泥工业的粉尘与造纸工业的废液，也对大气和水体造成污染。结果，在这些国家，伴随煤炭、冶金、化学等重工业的建立、发展以及城市化的推进，发生了很多环境公害事件。

英国作为最早实现工业革命的国家，其煤烟污染最为严重，水体污染也十分普遍。在19世纪末期和20世纪初期，美国的工业中心城市，如芝加哥、匹兹堡、圣路易斯和辛辛那提等，煤烟污染也相当严重。德国工业中心的上空长期为灰黄色的烟幕所笼罩，严重的煤烟造成植物枯死，晾晒的衣服变黑，即使白昼也需要人工照明，德国工业区的河流变成了污水沟。1892年，汉堡还因水污染而致霍乱流行，使7500余人丧生。在明治时期的日本，因开采铜矿而排出了毒屑、毒水，危害了农田、森林，并酿成田园荒芜、几十万人流离失所。

尽管如此，这一时期的环境污染尚处于初发阶段，污染源相对较少，污染范围不广，污染事件只是局部性的。

(2) 公害发展期　20世纪20～40年代，环境污染进一步加深，是公害发展期。随着工业化发展，西方国家煤的产量和消耗量逐年上升。据估算，在20世纪40年代初期，世界范围内工业生产和家庭燃烧所释放的二氧化硫每年高达几千万吨，其中2/3是由燃煤产生的，煤烟和二氧化硫的污染程度和范围较之前一时期有了进一步的发展，由此酿成多起严重的燃煤大气污染公害事件。如比利时的马斯河谷事件和美国的多诺拉事件等。

1930年12月4～5日，在比利时的重工业区马斯河谷，由于气候反常，工厂排出的二氧化硫等有害气体凝聚在靠近地表的浓雾中，经久不散而酿成大祸，致使大批家禽死亡，几千人中毒，60人丧命。

1948年10月27日晨，在美国宾夕法尼亚州西部山区工业小镇多诺拉的上空，烟雾凝聚，犹如一条肮脏的被单。虽然多诺拉的居民对大气污染并不陌生，因为这里的钢铁厂、硫酸厂和炼锌厂等污染企业一个挨着一个，日夜不停地排放二氧化硫等有害气体。但是，像这一次的情景他们却从未见过。因逆温层的封锁，污染物久久无法扩散，整个城镇被烟雾所笼罩。直到第6天，一场降雨才将烟雾驱散。这次事件造成20人死亡，6000人患病，患病者约占全镇居民的43%。

内燃机经过不断的改进，在工业生产中广泛替代了蒸汽机。在20世纪30年代前后，以内燃机为动力机的汽车、拖拉机和机车等在世界先进国家普遍地发展起来。1929年，美国汽车的年产量为500万辆，英国、法国、德国等国的年产量也都接近20万～30万辆。由于内燃机的燃料已由煤过渡到石油制成品——汽油和柴油，石油在能源中的比重大幅度上升，并导致了石油化工的兴起，然而石油化工给环境带来了新的污染。

这一阶段，"建立在汽车轮子上的"美国后来居上，成为头号资本主义工业强国，其原油产量在世界上遥遥领先，1930年时就多达12311万吨，汽车拥有量在1938年时达到2944.3万辆。汽车排放的尾气中含有大量的一氧化碳、烃类化合物、氮氧化物以及铅尘、烟尘等颗粒物和二氧化硫、醛类、3,4-苯并芘等有毒气体。一定数量的烃类化合物、氮氧化物在静风、逆温等特定条件下，经强烈的阳光照射会产生二次污染物——光化学氧化剂，形成具有很强氧化能力的浅蓝色光化学烟雾，对人、畜、植物和某些人造材料都有危害，遇二氧化硫时，还将生成硫酸雾，腐蚀物体，危害更大。这是一种新型的大气污染现象，因最早发生在洛杉矶，又称洛杉矶型烟雾。1943年，洛杉矶首次发生光化学烟雾事件，造成人眼痛、头疼、呼吸困难甚至死亡，家畜犯病，植物枯萎坏死，橡胶制品老化龟裂以及建筑物被腐蚀损坏等。这一事件第一次显示了汽车内燃机所排放气体造成的污染与危害的严重性。

此外，自20世纪20年代以来，随着以石油和天然气为主要原料的有机化学工业的发展，西方国家不仅合成了橡胶、塑料和纤维三大高分子合成材料，还生产了多种有机化学制品，如合成洗涤剂、合成油脂、有机农药、食品与饲料添加剂等。就在有机化学工业为人类带来琳琅满目和方便耐用的产品时，它对环境的破坏也渐渐地发生，久而久之便构成对环境的毒害和污染。

到这一阶段，在旧有污染范围扩大、危害程度加重的情况下，随着汽车工业和石油与有机化工的发展，污染源增加，新的更为复杂的污染形式出现，因而公害事故增多，公害病患者和死亡人数扩大，人们称为"公害发展期"。这体现出西方国家的环境污染危机愈加明显和深重。

(3) 公害泛滥期 20世纪50年代以后是公害泛滥期。第二次世界大战后20多年，石油等化石燃料的消费量急剧增长，仅在60年代的10年里，世界石油产量从10亿吨增至21亿吨，煤炭年产量从20亿吨增至25亿吨。这一时期，城市汽车数量激增，洛杉矶型烟雾在世界大城市时有发生，危及面逐年扩大；海洋的石油污染也日益严重；地区性环境污染造成的地方病日益猖獗。如日本的水俣病和痛痛病等。这表示环境公害已进入到一个新的阶段。20世纪世界八大公害事件见表3-1。

表3-1　20世纪世界八大公害事件

时间和地点	名称	发生原因	主要后果
1930年12月比利时马斯河谷工业区	马斯河谷事件	工厂排出的SO_2、SO_3等有害气体和粉尘	一周内60多人死亡，几千人患呼吸道疾病，许多家畜死亡
1943~1952年美国洛杉矶	光化学烟雾事件	250多万辆汽车排放上千吨废气（烃类化合物和氮氧化合物）在阳光照射下发生反应，生成蓝色的光化学烟雾	导致眼、鼻、喉等疾病，其中，1952年12月的一次烟雾就使400多个65岁以上的老人死亡
1948年10月美国多诺拉镇	多诺拉事件	空气中SO_2浓度达到$0.5~2\mu L/L$，粉尘严重	4天内死亡17人，发病5900多人，占全镇人数的43%
1952年12月英国伦敦	伦敦烟雾事件	燃煤产生大量的SO_2和烟尘，无风，被封闭在逆温层下	4天内4000多人死亡
1955~1972年日本水俣市	水俣病	PVC工厂氯化汞污染水体，使鱼中毒，人、畜受害	2万人受害，表现为衰弱、痴呆、视力下降、行动困难等
1955~1972年日本富山县	痛痛病	锌铅冶炼污染水，使土地含镉1~2g/t，食用含镉稻米	损害肾，引起全身骨痛，骨骼软化、萎缩、呼吸困难，在疼痛中死亡
1961~1972年四日市	哮喘病事件	燃油产生的粉尘及SO_2达13万吨，500m厚的烟雾中含有多种有毒气体和铅、锰、钴等粉尘	共有6000多人死于哮喘等病
1968年3月日本爱知县	米糠油事件	管理不善，多氯联苯混进米糠油中	5000人食物中毒，16人死亡，几十万只鸡死亡

世界8大公害事件和近年来发生的其他具有危害严重的环境事件，都与化学的关系比较密切。因此，减少和消除污染、保护环境，是化学工作者义不容辞的责任。

3.1.2　环境面临的挑战

在相当长的时期里，人们只知道一味地向自然界索取，过度消耗资源，因而遭到了大自然的报复，结果是资源日趋衰竭，环境严重污染，引发了全球的许多严峻环境问题。

环境污染问题已严重威胁人类生存与发展，已成为世界各国特别是发展中国家的共同问题，当今世界面临的十大环境问题是：酸雨蔓延、臭氧层破坏、全球变暖、土地荒漠化程度加剧、海洋污染、生物多样性锐减、森林锐减、大气污染、淡水资源危机、垃圾成堆。

（1）酸雨蔓延　第二次世界大战以后，各国特别是发达国家和地区的城市化、工业化、交通运输业迅猛发展，煤炭、天然气、石油燃烧以及金属冶炼等产生的二氧化硫、氮氧化合物（NO_x）大量排入空气中，经过复杂的大气物理和大气化学过程最终转化为硫酸和硝酸等，与水汽或雨雪相遇，形成酸雨降落至地面。受酸雨危害的地区出现了土壤和湖泊酸化，植被和生态系统遭受破坏，建筑材料和文物被腐蚀等一系列严重的环境问题（图3-1）。现在，全世界每年排入大气中的硫化物和氮氧化物高达3000万吨。

这些烟雾大都经过高烟筒排放,在大气环流的作用下可以漂洋过海,到达几千千米之外,因而酸雨又被称为"跨国界的恶魔"。全球三大酸雨区是北美酸雨区、北欧酸雨区和我国西南酸雨区。我国酸雨区呈弥漫之势,到20世纪90年代,我国酸雨已发展到长江以南、青藏高原以东及四川盆地的广大地区。

图 3-1 森林受到酸雨破坏

(2) 臭氧层破坏 臭氧能把太阳光中的大部分有害的紫外线吸收掉,是地球上所有生命的"保护伞"。臭氧层被破坏的后果是"无形杀手"——紫外线长驱直入,皮肤癌发病率增加。据美国科学家研究认为,臭氧含量减少1%,则损害人体的紫外线就会增加2.3%,皮肤癌发病率增加5.5%。造成臭氧层破坏的罪魁祸首是氟氯烃类、氟溴烃类化合物,如氟利昂等。这些物质受到紫外线的照射后会被激活,形成活性很强的原子与臭氧层的臭氧作用,使其变成氧分子,类似连锁反应,臭氧迅速消耗。南极的臭氧层空洞,就是臭氧层被破坏的一个显著标志。到1994年,南极上空的臭氧层破坏面积已达2400万平方千米。南极上空的臭氧层是在20亿年的时间里形成的,可是在最近的100年里就被破坏了60%。北半球上空的臭氧层也比以往任何时候都薄,欧洲和北美上空的臭氧层平均减少了10%~15%,西伯利亚上空的臭氧层甚至减少了35%,因此科学家警告说,地球上空臭氧层破坏的程度远比人们想象的要严重得多。

(3) 全球变暖 造成全球气候变暖的主要原因是人类活动造成空气中二氧化碳、甲烷等温室气体的含量在逐渐增加。由于这些温室气体对来自太阳辐射的短波具有高透过性而对地球反射出来的长波具有高吸收性,即温室效应,导致全球气候变暖。气候变暖的后果是南北极的气温上升,使部分冰山融化,加之海水受热膨胀,最终导致海平面上升。从1880年以来的100多年以来,海平面上升了8cm。海平面上升,既危害自然生态系统的平衡,更威胁人类的食物供应和居住环境。

(4) 土地荒漠化程度加剧 全球陆地面积占60%,其中沙漠和沙漠化面积为29%。每年有600万公顷的土地变成沙漠,经济损失每年423亿美元。全球共有干旱、半干旱土地50亿公顷,其中33亿公顷遭到荒漠化威胁。致使每年有600万公顷的农田、900万公顷的牧区失去生产能力;人类文明的摇篮底格里斯河、幼发拉底河流域,由沃土变成荒漠。中国的黄河水土流失亦十分严重。

据统计,全世界每年约有1200万公顷的森林消失,其中绝大多数是对全球生态系统至关重要的热带雨林,如巴西的亚马孙森林,到20世纪90年代初,这一地区的森林覆盖率比原来减少了11%,相当于70万平方千米。此外,亚太地区、非洲的热带雨林也在遭到破坏。

(5) 海洋污染 全世界60%的人口挤在离大海不到100km的地方,沿海地区受到了巨大的人口压力,这种人口拥挤状况正使非常脆弱的海洋生态失去平衡。由于人类不断向大海排放污染物,大量建设海上旅游设施。近年来发生在近海水域的污染事件不断增多。海洋污染主要有原油泄漏污染、漂浮物污染和有机化合物污染及赤潮、黑潮等。全世界1/3的沿海地区(在欧洲是80%的沿海地区)遭到了破坏。危害有:赤潮频繁发生;珊瑚礁、海草、近海鱼虾锐减,渔业损失惨重。

(6) 生物多样性锐减 物种灭绝是自然现象,在过去的两亿年中,每27年中才有一种植物从地球上消失,每世纪有90多种脊椎动物灭绝。由于城市化、农业发展、森林减少和环境污染,自然生态区域变得越来越小了,导致了数以千计的物种绝迹,生物多样性正以前所未有的速度减少。据《世界自然资源保护大纲》估计,目前世界平均每天至少有140个物种消失,现在物种灭绝的速度是自然灭绝速度的1000倍!生物多样性的丧失已成为人类面临的全球范围内的环境问题。物种灭绝将对整个地球的生态平衡带来威胁。

(7) 森林锐减 最近几十年以来,热带地区国家森林面积减少的情况十分严重,尤以巴西亚马孙森林为甚。在1980~1990年,世界上有150万平方千米的森林(占全球总面积的12%)消失了。照此速度,40年以后,一些东南亚国家就再也见不到一棵树了。热带雨林不断减少的后果是二氧化碳浓度的增加,异常气候的出现和生物物种的减少。在今天的地球上,绿色屏障——森林正以平均每年4000平方千米的速度消失。危害有:涵养水源功能破坏;洪水肆虐;沙尘暴频繁;物种减少;水土流失;二氧化碳吸收减少导致温室效应。

(8) 大气污染 大气污染主要因子:悬浮颗粒物、一氧化碳、二氧化碳、氮氧化物、铅等。

我国最近大范围出现的雾霾天气(图3-2),就是由于大量使用汽车、燃煤等造成的严重的大气污染。持续的雾霾天气,会严重影响人们的身体健康,导致得呼吸道疾病的人群大增。

图3-2 从飞机上拍到的北京雾霾云层

雾和霾是自然界的两种天气现象,根据气象学上的定义,霾是大量极细微的干尘粒(干气溶胶粒子)等均匀地浮游在空中,使空气混浊,水平能见度小于10km的现象。

当空气中水汽含量较多时，某些易吸水的干颗粒会吸水长大并活化成云雾的凝结核，产生更多更小的云雾滴，使能见度进一步降低，低于 1km 时定义为雾。能见度在 1～10km 时定义为轻雾。雾霾天气见图 3-3。

图 3-3　雾霾天气

我国环保部公布的《2013 年中国环境状况公报》显示，2012 年开始首次监测 $PM_{2.5}$ 的 74 个重点城市中，只有 3 个城市空气质量达标，京津冀地区 2012 年有半年以上时间空气质量不达标，北京 2013 年 48% 的天数空气质量达标，重污染天数比例达到 16.2%。2013 年全国平均霾日数为 35.9 天，比上一年增加了 18.3 天，为 1961 年以来最多。

我国政府也在加紧对大气污染的治理。2012 年底，环保部公布了《重点区域大气污染防治"十二五"规划》，这是我国第一部综合性大气污染防治规划。规划提出，到 2015 年，我国重点区域可吸入颗粒物、细颗粒物年均浓度要分别下降 10%、5%。2013 年 6 月召开的国务院常务会议部署大气污染防治十条措施，指出必须突出重点、分类指导、多管齐下、科学施策，把调整优化结构、强化创新驱动和保护环境生态结合起来，用硬措施完成硬任务，确保防治工作早见成效。

蓝天白云是人们对美丽中国最朴素的理解，治理大气污染是生态文明建设的重要任务。中央政府出台措施、打出重拳，彰显出对遏制大气污染，切实解决人民群众生存环境问题的决心。

(9) 淡水资源危机　地球表面虽 2/3 被水覆盖，但 97% 为海水，只有不到 3% 是淡水，其中又有 2% 封存于极地冰川之中。在仅有的 1% 的淡水中，25% 为工业用水，70% 为农业用水，只有很少的一部分可供饮用和作为生活用水。即使如此，水还在被大量滥用、浪费和污染。加之淡水区域分布不均匀，一些地区缺水现象十分严重。1950 年仅有 20 个国家的 2000 万人面临缺水问题，而 1990 年则有 26 个国家的 3 亿人受到淡水短缺的困扰。据预测，到 2025 年将有 40 多个国家中占 30% 的人口受到水资源短缺的影响，到 2050 年，将有 65 个国家的约占全球人口 60% 的人口面临淡水危机。

一些河流和湖泊的枯竭、地下水的耗尽和湿地的消失，给人类生存带来了严重的威胁，也使一些物种加速灭绝，见图 3-4。在这些地区，水变得无比珍贵，不少大河如美国的科罗拉多河、中国的黄河都已雄风不再，昔日"奔流到海不复回"的壮丽景象已成

图 3-4　缺水使一些地区稻田颗粒无收

为历史的记忆。"人类最后竞拍的一滴纯净水是人的眼泪"的画面可能成为现实！

（10）垃圾成堆　全球每年产生垃圾近 100 亿吨，而且处理垃圾的能力远远赶不上垃圾产生的速度，有 2/3 的城市处于垃圾的包围之中，见图 3-5。垃圾能传播疾病，并且污染土壤、水源、大气等，还占用大量土地。习惯的处理垃圾的方式是掩埋，这其实是治标不治本的做法，必须实行垃圾分类及回收、垃圾气化等，变废为宝。

图 3-5　垃圾包围城市

水污染

　　水是宝贵的自然资源，是人类生活、动植物生长、工农业生产不可缺少的物质。水是一切生命机体的组成物质，是生命发生、发育和繁衍的源泉。水是生物体新陈代谢的一种介质，生物从外界环境中吸收养分，通过水将各种养分物质输送到机体的各个部分，又通过水将代谢产物排出机体之外，因此水是联系生物体营养过程和代谢过程的纽带，水参与了一系列生理生化反应，维持着生命的活力。水还对生物体起着散发热量、调节体温的作用。水约占人体体重的 2/3，每人每天约需 5L 水，没有水就没有生命。

3.2.1 世界水资源状况

地球上究竟有多少水呢？地球表面上水的覆盖面积约占3/4。据报道，地球上约有$13.6×10^8 m^3$的水，其中绝大部分是海水，占97.3%，冰川占2.14%，地面水包括江、河、湖泊约占0.02%，地下水占0.61%，大气中的水不到0.01%。但是人类各种用水基本都是淡水，地球上全部地面和地下淡水量总和只占总水量的0.63%。如果将全世界的水看成大水缸内的一缸水，那么人类所能直接利用的还不到一小勺。

随着社会发展和人们生活水平的提高，工业生产和人们生活用水量在不断上升。人类用水量已近4万亿立方米/年，全球有60%的陆地面积淡水供应不足，近20亿人饮用水短缺。而未经处理的废水、废物排入水体造成污染，又使可用水急剧减少。近年来，世界范围内多地区缺水现象越来越严重，据调查，全世界有100多个国家缺水。1977年联合国《水会议》就已发出警告："水不久将成为一个深刻的社会危机，继石油危机之后的下一个危机便是水。"在最近联合国教科文组织召开的关于21世纪用水管理国际研讨会上，专家们指出，目前全球每年有1200万人死于缺水，有13亿人缺少安全可靠的饮用水，在未来25年中，将有30亿人面临严重缺水的局面。全球范围内的供水危机已成为各国政府在制订政治、经济、环境和社会发展目标时首要考虑的问题。

3.2.2 我国的水资源状况

我国的水资源问题尤其突出。我国水资源有人均资源不丰富、分布不均、污染严重三大特点。首先，我国是严重的缺水大国，被联合国列为全球最缺水的13个国家之一。我国的水资源总量为2.8亿立方米，居世界第6位，但若以人均计，我国人均占有量仅$2150m^3$，只占世界人均占有量的1/4，不仅远低于美国的$13500m^3$，也少于日本的$4700m^3$。目前，我国640多个城市中有300多个缺水，其中40个有供水危机，2.3亿人用水严重不足。我国的水资源分布不均，与降雨分布类似，由东南沿海向西北内陆递减，差距悬殊。与耕地、人口的地区分布也不相适应。在全国总水量中，耕地约占36%、人口约占54%的南方，水资源却占81%；而耕地占45%、人口占38%的北方七省市，水资源仅占9.7%。不少地区雨水期集中，形成雨期大量弃水，非汛期大量缺水，因而总水量不能充分利用。

由于我国经济发展迅速，工业高速增长，城镇化进程加快，每年排放约300亿吨污水，而处理能力只有20%左右，造成我国水资源污染严重。①江河水污染严重，2012年，长江、黄河、珠江、松花江、淮河、辽河、浙闽片河流、西北诸河、西南诸河等十大流域的国控断面取样分析结果为，Ⅰ~Ⅲ类、Ⅳ~Ⅴ类、劣Ⅴ类比例分别为68.9%、20.9%和10.2%。②不仅我国主要江河污染严重，国内重点湖泊与水库的水质也不容乐观。主要表现为农药残留和P、N、K等超标造成水体富营养化。在131个大中湖泊中，有89个被污染，67个富营养化。2012年对62个国控重点湖泊水库检测结果为，Ⅰ~Ⅲ类、Ⅳ~Ⅴ类、劣Ⅴ类比例分别为61.3%、27.4%和11.3%。③2012年对我国198个地市级行政区地下水进行水质监测，监测点有4929个，其中国家级监测点800个。按GB/T 14848—93，水质达到优良级的监测点为580个，占比为11.8%；达到良好级的为1348个，占比为27.3%；较好级的为176个，占3.6%；较差级的为826个，占16.8%。主要超标物有铁、锰、氟化物、"三氮"（亚硝酸盐氮、硝酸盐氮和氨氮）、总硬度、溶解性总固体、硫酸盐、氯化物和重金属离子等。

我国七大水系的污染程度次序为辽河、海河、淮河、黄河、松花江、珠江、长江，其中辽河、海河、淮河污染最重。主要大淡水湖泊的污染程度次序为巢湖（西半湖）、滇池、南四湖、太湖、洪泽湖、洞庭湖、镜泊湖、兴凯湖、博斯腾湖、松花湖、洱海，其中巢湖、滇池、南四湖、太湖污染最重。

我国水体污染情况触目惊心。例如，2014年9月6日国内媒体报道，我国的第四大沙漠——腾格里沙漠腹地现巨型排污池（图3-6）。数个足球场大小的长方形的排污池并排居于沙漠之中，周边用水泥砌成，围有一人高的绿色网状铁丝栏。其中两个排污池注满墨汁一样的液体，另两个排污池是黑色、黄色、暗红色的泥浆，里面稀释有细沙和石灰。

图3-6　腾格里沙漠腹地现巨型排污池

近年来，内蒙古和宁夏分别在腾格里沙漠腹地建起了内蒙古腾格里工业园和宁夏中卫工业园区，引入了大量的化工企业，企业污水未经处理就排放。一旦地下水被污染，千百年来牧民们生存的栖息地不仅将失去，更重要的是，腾格里沙漠独特的生态环境可能也将面临严重威胁。沙漠地下水一旦被污染，几乎是不可能修复的。

3.2.3　水体污染的来源

引起水体污染有自然污染和人为污染两个方面的原因，而人为污染是主要的因素。自然污染主要是自然原因所造成的，如特殊地质条件使某些地区有某种化学元素大量富集、天然植物在腐烂过程中产生某种毒物，以及降雨淋洗大气和地面后夹带各种物质流入水体。人为污染是人类在生活和生产活动中给水源带进了污染物，包括生活污水、工业废水、农田排水和矿山排水等。此外，废渣和垃圾倾倒在水中或岸边或堆积在地上，经降雨淋洗流入水体也会造成污染。水污染物主要有以下几个方面。

（1）重金属与其他无机有毒物质　除汞外，能造成重金属污染且毒性较大的还有镉、铅、铬和砷等。另外，无机化合物中的氰化物或CN^-毒性也相当大。

（2）有毒有机化合物　随着现代石油化学工业的高速发展，产生了多种原来自然界没有的有毒有机化合物，如有机氯农药、有机磷农药、合成洗涤剂、多氯联苯等。这些化合物在水中很难被微生物降解，因而称为难降解有机物。它们被生物吸收后，通过食物链逐步被浓缩而造成严重危害。它们在水中的含量虽不高，但因在水体中残留时间长，有蓄积性，可造成人体慢性中毒、致癌、致畸等生理危害。例如对环境危害极大的有机氯农药，其特点是毒性大、化学性质稳定、残留时间长，且易溶于脂肪，蓄积性强。在水生生物体内富集，其浓度可达水中的数十万倍，不仅影响水生物的繁衍，且通过食物链危害人体健康。这类农药在国外早已被禁，我国从1983年开始也已停止生产和限制使用。

近年来石油对水体的污染也十分严重，特别是海湾及近海水域。石油对水体污染的主要污染物是各种烃类化合物，如烷烃、环烷烃、芳香烃等。在石油的开采、炼制、储运和使用过程中，原油和各种石油油品进入环境而造成污染，其中包括通过河流排入海洋的废油、船舶排放和事故溢出、海底油田泄漏和井喷事故等。当前，石油对海洋的污染已成为世界性的环境问题。1991年发生的海湾战争，人为地使大量原油从科威特的艾哈迈迪油港流入波斯湾，这是最大的一次石油污染海洋事件，它带来了难以估量的恶果。石油或其制品进入海洋等水域后，对水体质量有很大影响，这不仅是因为石油中的各种成分都有一定的毒性，还因为它具有破坏生物的正常生活环境，造成生物机能障碍的物理作用。石油比水轻又不溶于水，覆盖在水面上形成薄膜层，既阻碍了大气中氧在水中的溶解，又因油膜的生物分解和自身的氧化作用，消耗水中大量的溶解氧，致使海水缺氧，同时因石油覆盖或堵塞生物的表面和微细结构，抑制了生物的正常运动，且阻碍小动物正常摄食呼吸等活动。如油膜会堵塞鱼的鳃部，使鱼呼吸困难，甚至引起鱼类死亡。若以含油的污水灌溉，也会因油膜黏附在农作物上使其枯死。

(3) 无毒营养物质　什么是COD与BOD？

化学耗氧量COD：有机物遇到氧化剂会被氧化，氧化产物可能是小分子、CO_2、H_2O等。测定COD所用的氧化剂有两种：$KMnO_4$（多用于较清洁水）、$K_2Cr_2O_7$（多用于废水）。化学耗氧量是在一定的条件下，单位体积水中有机物被氧化时所消耗的氧化剂的量（换算成氧量），单位为$mg\ O_2/L$。

生化需氧量BOD：水中有机物可以作为微生物的营养源，微生物在吸收水中有机物后，又吸收水中溶解的氧，在体内对有机物进行生物氧化，故单位体积水中微生物需要的氧量也间接反映水中有机物含量，所需的氧量即生化需氧量BOD。显然，BOD不包括水中不能被生物降解的有机物。BOD_5指水在20℃时，生物氧化5d时需要的氧量，单位为$mg\ O_2/L$。一般情况下，水体中BOD_5低于$3mg/L$时，水质较好。BOD_5越高，表明溶解氧消耗就越多，水质就越差。因此，BOD_5达到$7.5mg/L$时，表明水质不好；大于$10mg/L$时，表明水质很差，鱼类已不能存活。

水体污染物中有一类属于耗氧有机物，它们是来自城市生活污水及食品、造纸、印染等工业废水中含有的大量烃类化合物、蛋白质、脂肪、纤维等有机物质。它们本身无毒性，但在分解时需消耗水中的溶解氧，故称为耗氧（或需氧）有机物。天然水体中溶解氧含量约为$5\sim10mg/L$，当大量耗氧有机物排入水体后，使水中溶解氧急剧减少，水体出现恶臭，生态系统遭到破坏，对渔业生产的影响很大。

污水中除大部分是含碳有机物外，还包括含氮、磷的化合物等其他一些物质。它们是植物生长、发育的养料，称为植物营养素。大量植物营养素进入水体后，也会恶化水质、影响渔业生产和危害人体健康。比较普遍的含氮有机物是蛋白质，含磷的有机物主要有洗涤剂等。复杂的有机氮化合物会变成无机硝酸盐，大量的硝酸盐会使水体中生物营养元素增多。当这些水体中植物营养物质积聚到一定程度后，水体过分肥沃，藻类繁殖迅速，使水生生态系统遭到破坏，这种现象称为水体的富营养化。水体出现富营养化现象时，浮游生物大量繁殖，因占优势的浮游生物的颜色不同，水面往往呈蓝色、红色、棕色等。这种现象在江河、湖泊中称为水华，如图3-7所示，在海洋中则称为赤潮，如图3-8所示。这些藻类有恶臭，有的还有毒，其表面有一层胶质膜，使鱼不能食用。藻类聚集在水体上层，一方面发生光合作用，释放大量氧气，使水体表层的溶解氧达到过饱和；另一方面藻类遮藏阳光，使底生植物因光合作用受到阻碍而死去。这些在水体底部的死亡的藻类尸体和底生植物尸体在厌氧条件下腐烂、分解，又将磷等植物营养元素重新释放到水中，再供藻类利用。这样周而复始，就形成了植物营养元素在水体

图3-7 水华

图3-8 赤潮

中的物质循环，使它们可以长存在于水体中。富营养化水体的上层处于溶解氧过饱和状态，下层处于缺氧状态，底层则处于厌氧状态，这显然对鱼类生长不利。在藻类大量繁殖的季节，会造成大量鱼类的死亡。因此水体的富营养化也是水体遭受污染的一种很值得注意并应给予足够重视的严重现象。

（4）热污染 一些热电厂、核电站及各种工业过程中的冷却水，若不采取措施而直接排入水体，可引起热污染。热污染对水体的危害不仅仅是由于温度的升高直接杀死水中某些生物（例如，鳟鱼在水温 20℃时，可致死亡），而且温度升高后，必然降低水中氧的溶解量。这样不适宜的温度及缺氧的条件，对水中生态系统的破坏非常严重。

造成水体污染的因素还有病原体污染、放射性污染、酸碱盐污染等很多方面。对水的净化、污水的处理越来越成为一项重要的课题。

阅读材料

（1）可怕的水俣病

1953 年，日本水俣市一带曾经发生过一桩怪事：那里的许多家猫忽然发了疯，到处乱窜、乱跳，最后还纷纷投海"自杀"。不久，那一带的许多居民也染上了奇怪的病：精神错乱，手足抽筋，严重的还导致死亡。好像这一带莫名其妙地染上了一种"瘟疫"，有的人干脆就把这种病叫作"水俣病"。水俣市有数十人死于此病，在那个时期出生的儿童中，有许多患了不可医治的畸形或脑髓毁坏症。经过科学家 10 年的调查研究，终于弄清了"自杀猫"和"水俣病"的奥秘。原来，在该地区有一家氯乙烯工厂，在乙炔和氯化氢加成生成氯乙烯的过程中使用氯化汞作催化剂，而工厂排放的含汞污水未作有效的处理，含汞污水进入河道。在污水流过的河道里，鱼和贝类的含汞量高达 $(9\sim24)\times10^{-6}$，而人类食用 5×10^{-6} 含汞量的鱼就会有中毒的危险。在水俣地区中毒死亡的 43 人中，经解剖发现，死亡者肝中的汞高达 $(20\sim70.5)\times10^{-6}$，远高于正常人的 $(0.07\sim0.084)\times10^{-6}$。

（2）《水俣公约》

旨在全球范围内控制和减少汞排放的国际公约《水俣公约》于 2013 年 10 月 10 日在日本正式签订，包括中国在内的 87 个国家和地区的代表共同签署公约，标志着全球携手减少汞污染迈出了第一步。

20 世纪中期，日本水俣市发生严重汞污染事件，重症病例出现脑损伤、瘫痪、语无伦次和谵妄。为警示后人，由联合国环境规划署主持的联合国汞公约谈判特将公约定名为《水俣公约》。

据透露，《水俣公约》对汞的使用和排放作出了明确限制，并确立了减排时间表。公约要求，含汞体温计、血压计和荧光灯在内的多个含汞产品在 2020 年前退出市场或达到规定的含汞标准。

公约要求限时淘汰添加汞的生产工艺如含汞氯碱工艺，要求大幅度减少含汞生产工艺中汞的使用量，如含汞 PVC 制造工艺。公约要求限制汞的大气排放，包括限制燃煤发电厂、燃煤工业锅炉、有色金属冶炼、废物焚烧设施以及水泥制造等行业的汞排放。

公约生效后，签约国将禁立新建汞矿；现有汞矿 15 年内关闭；氯碱行业用汞禁止外流；所有汞贸易应在公约许可的范围内且要有书面协议。

不过，由于各方分歧较大，《水俣公约》未就生产企业规模与排放量作出规定，也未能就各国如何削减进行量化，同时，公约没有对污染场地的处理提出要求，对大气汞排放的限制条款不明确。

预计《水俣公约》将在 2016 年生效。签约之后至《水俣公约》正式生效之间的过渡期，各国政府需要建立相应的法律法规，并建立汞使用和排放清单。

全球削减汞使用和汞排放计划已经成型。中国作为全球最大的汞生产国、使用国和排放国，面临巨大挑战。

不过，正如中国环境科学院一位人士所称，我国汞污染防治的政策规定与《水俣公约》仍有较大差距。如燃煤工业汞排放、水泥行业汞排放以及城市垃圾焚烧汞排放标准尚在制定，至今未颁布。

削减汞使用和汞排放形成了新的商机。上述中国环境科学院人士认为，氯碱和氯乙烯行业所用汞催化剂将要被替代，这将是一个巨大的市场，但找到新的催化剂，将是一个较长的过程。

3.2.4 废水处理方法

污水处理的方法有很多，各种方法都有其特点和适用范围。较大颗粒悬浮物、夹杂物可用重力分离法、过滤法分离；对不易沉降、很细小的悬浮物和胶态物质可用混凝法；对于可溶性的无机污染物则可用沉淀反应或氧化还原反应的方法，使污染物与所加药剂反应，生成易于从废水中分离出去的物质，或者改变污染物的性质，也可用离子交换、电渗析、反渗透、吸附等方法将它们分离；对于有机污染物，通常采用生物法处理，该法是利用微生物对复杂有机污染物的降解作用，把有毒物质转化为无毒物质，使污水得到净化。实际处理中，有时往往需要几种方法配合使用。下面对几种主要的污水处理方法分别加以介绍。

(1) 中和沉淀法　我国规定生活饮用水的 pH 范围为 6.5～8.5，农田灌溉用水所允许的 pH 在 5.5～8.5 之间。水中若含有酸、碱等物质，应调节水的 pH，使其处在一定的范围内。对于酸性废水，可以采用废碱、石灰或石灰石等进行中和。对于碱性废水，可吹入二氧化碳气或用烟道废气中的 SO_2 来中和，也可使酸性废水与碱性废水相互中和。

用中和法调节水体的 pH 至碱性，还可使重金属离子生成难溶的氢氧化物沉淀而除去，这是去除水中重金属离子常用的方法。例如，若除去酸性废水中的 Pb^{2+}，一般可投加石灰水，生成 $Pb(OH)_2$ 沉淀。又如，硬水软化方法之一是用石灰-苏打，使水中的 Mg^{2+} 和 Ca^{2+} 分别转生成相应的沉淀而除去。

(2) 氧化还原法　利用氧化还原反应将水中有毒物转变成无毒物、难溶物或易于除去的物质是水处理工艺中较重要的方法之一。常用的氧化剂有空气（或 O_2）、氯气 Cl_2（或 NaClO）、双氧水（H_2O_2）、臭氧（O_3）等。常用的还原剂有硫酸亚铁（$FeSO_4$）、铁（Fe）粉、二氧化硫（SO_2）、亚硫酸钠（Na_2SO_3）等。例如，水处理中常用吸气法（即向水中不断鼓入空气），使其中的 Fe^{2+} 氧化，并生成溶度积很小的 $Fe(OH)_3$ 沉淀而除去。又如，应用氯气在水溶液中产生次氯酸根，次氯酸根可将废水中有毒的 CN^- 氧

化成无毒的 N_2 等。

(3) 混凝法　物质在水中存在的形式有三种：离子状态、胶体状态和悬浮状态。一般认为，颗粒粒径小于1nm的为溶解物质，颗粒粒径在1～100nm的为胶体物质，颗粒粒径在100nm～1mm为悬浮物质。其中悬浮物质可以通过自然沉淀法进行去除；溶解物质在水中是离子状态存在的，可以向水中加入一种沉淀剂，使之生成不溶于水的沉淀来除掉；而胶体物质由于胶粒具有双电层结构而具有一定的稳定性，不能用自然沉淀法去除，需要向水中投加一些药剂，使水中的胶体颗粒脱稳而互相聚结，增加至能自然沉淀的程度而去除。这种通过向水中加入药剂而使胶体脱稳形成沉淀的方法叫混凝法，所投加的药剂叫混凝剂。

常用的混凝剂有无机絮凝剂、有机高分子絮凝剂、生物絮凝剂等。无机絮凝剂有硫酸铝、聚合氯化铝、氯化铁、硫酸亚铁和聚合硫酸铁、聚合氯化铝铁等。有机高分子絮凝剂以聚丙烯酰胺（PAM）类产品为代表，生物絮凝剂是一类由微生物产生的具有絮凝能力的高分子有机物，主要有蛋白质、黏多糖、纤维素和核酸。

以铝盐为例，铝盐与水反应生成可中和胶体杂质的电荷，破坏胶体的双电层结构，使其发生聚结，同时由于生成氢氧化物絮状物的吸附作用，在沉淀时对水中胶体杂质起吸附卷带而使之发生凝聚，让这些固体颗粒相对地聚集起来形成大的颗粒。

(4) 电渗析法　电渗析法的原理是在外加直流电源作用下，使水中的正、负离子分别向阴、阳两极迁移。在阴、阳两极之间分别设置了离子交换膜（阳离子交换膜和阴离子交换膜），由于阳膜只允许正离子通过，阴膜只允许负离子通过，在电场作用下，水中的正离子在向阴极迁移过程中能透过阳膜而不能通过阴膜；负离子向阳极迁移过程中能透过阴膜而不能通过阳膜。待处理水经过这样处理后，形成了淡水区和浓水区。把淡水汇总引出，得到纯水或称为除盐水。此法还可用于咸水淡化和回收金属。

(5) 离子交换法　离子交换树脂的制备：常用苯乙烯和二乙烯基苯共聚物为母体，对母体树脂进行磺化反应，制成强酸型阳离子交换树脂；对母体树脂经氯甲基化反应后再用三甲胺进行胺化反应及碱处理，可制成阴离子交换树脂。离子交换树脂为小球状适度交联的高聚物，不溶于任何溶剂但可以溶胀。

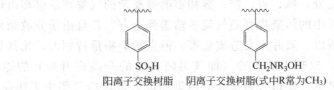

阳离子交换树脂　阴离子交换树脂(式中R常为CH$_3$)

含盐水通过阳离子交换树脂，水中的阳离子如 Ca^{2+}、K^+、Mg^{2+} 等与树脂上的 H^+ 作交换反应，Ca^{2+} 等离子被吸收到树脂上，流出的水中只含阴离子，呈酸性，再通过阴离子交换树脂，水中的 Cl^-、F^-、SO_4^{2-} 等也被树脂吸收，流出的水不含电解质，成为无离子水。

离子交换树脂的应用很广泛，除可用于污水处理，还常用于水的去离子化与净化水质，也可用于分离物质和提取贵金属等作业中。

此外，污水处理还有汽提法、萃取法、吹脱法、吸附法等方法。

3.3 大气污染

空气是人类和其他一切生命机体时刻不可缺少的生存条件。成年人一般每天约需 1kg 粮食和 2kg 水，但对空气的需要量就大得多，每天约需呼吸 13.6kg（约 10000L）空气。一个人几周不进食或几天不饮水尚可生存，但如果断绝空气几分钟就会死亡。若空气中混进有毒的物质，则毒物随空气不断地被吸入肺部，通过血液而遍及全身，对人的健康直接产生危害。空气（大气）污染大多是人为造成的，对人类的影响时间长、范围广。

3.3.1 大气圈概况

大气圈是包围整个地球的空气层，总质量约为地球质量的百万分之一。氮气（N_2）、氧气（O_2）、氩（Ar）、二氧化碳（CO_2）四种气体占空气总量的 99.9975%（体积分数），剩余的十万分之几主要是稀有气体氦（He）、氖（Ne）、氪（Kr）、氙（Xe）及氢气（H_2）和甲烷（CH_4），它们对空气的作用影响不大。氮氧化合物（NO_x）、二氧化硫（SO_2）、一氧化碳（CO）、臭氧（O_3）等，主要分布在城镇上空，虽然只占大气的亿分之几，但影响较大。由于地心引力作用，大气在垂直地面方向的分布很广但很不均匀，按质量计，50% 集中在离地面 5km 以下，75% 集中在 10km 以下，90% 集中在 30km 以下，剩余 10% 分布在 30～1000km 高空，超过 1000km，大气极为稀薄。

大气圈的分层结构：根据大气温度随高度垂直变化的特征，将大气分为对流层、平流层、中间层、热成层和逸散层。

(1) 对流层　对流层是大气圈的最下面一层，其平均厚度约 12km（该层厚度随地球纬度不同有所差别，两极薄、赤道厚），整个大气质量的 3/4 和几乎所有的水汽都在这一层。对流层温度分布的特点是：下部气温高、上部气温低。这一层大气无论是垂直或水平方向的对流都很充分，风、雪、霜、雾和雷电等复杂的气象现象也都出现在这一层。由污染源排放到大气中的污染物可随气流被输送到远方，并且由于分散和稀释作用能降低污染物的浓度，所以一般并不会造成危害。但当污染物量特别大，尤其是当近地 1km 以下的边界流动层，出现上热下冷（即气温随高度的升高而升高）的逆温层时，由于冷气团位于暖气团之下，使得人为排放的污染物混入低层冷气团中无法向上扩散，就有可能发生严重的大气污染事件。

(2) 平流层（同温层）　平流层位于对流层以上，其温度随高度的增加而上升。在平流层顶，气温可升至 0～3℃，比对流层顶的气温高出 60～70℃。这是因为在 25km 上下的平流层存在一厚度约为 20km 的臭氧层，该臭氧层能强烈吸收 200～300nm 的紫外线，致使平流层上部的气温明显升高。在平流层中，很少发生大气上下的垂直对流，只能随地球自转而产生平流运动。该层很少有水汽和灰尘，没有对流层中那种云、雨、风暴等天气现象，是一个静悄悄的世界，温度基本保持稳定。污染物一旦进入平流层

(氟利昂可扩散进入平流层），由于平流层大气扩散速率缓慢，污染物在此层停留时间较长。平流层大气透明度好，是现在超音速飞机飞行的理想空间。近半个世纪来，随着超音速飞机在平流层底部的飞行、宇航飞行器的不断发射，以及氟利昂的大量使用等原因，已有大量的氮氧化物、氯化氢及氟利昂等污染物排放到平流层中，造成了对臭氧层的严重破坏。

（3）中间层 由平流层顶到约86km高度的范围称中间层，在这层中温度随高度增加而下降，到中间层顶，气温达到极低值，约为180K。

（4）热成层（电离层） 由中间层顶到约800km处称为热成层，其温度随高度增加而上升，白天最高温度可达1250～1750K。由于太阳和其他星球辐射各种射线，该层中大部分空气分子发生电离，成为原子、离子和自由电子，所以这层也叫电离层。

（5）逸散层（外大气层） 在热成层以上的大气层称为逸散层，也称外大气层。

3.3.2 空气污染

20世纪30年代以来，随着工业和交通运输的迅速发展，人们向大气中排放大量烟尘、有害气体和金属氧化物等，使某些物质的浓度超过它们的正常水准，以致破坏生态系统和人类正常的生存和发展条件，对人和动植物等产生有害的影响，这就是大气污染。

为了评价空气污染程度，通常用空气污染指数或环境空气质量综合指数来表示。目前我国重点城市空气质量日报的监测项目，统一规定为 SO_2、NO_2、CO 和可吸入颗粒物，用0～500之间的数字来表示空气污染指数的程度（表3-2）。

表3-2 空气污染指数与空气质量级别及对人体健康的影响程度

空气污染指数	空气质量级别	空气质量评估	对人体健康的影响	建议适用地区
0～50	一级	优	无影响	居民区、科教区、风景区
51～100	二级	良	无显著影响	厂矿、商业、行政办公区
101～200	三级	轻度污染	健康人群出现刺激症状	特殊工业、厂矿
201～300	四级	中度污染	健康人群普遍出现刺激症状	无
>300	五级	重度污染	健康人群普遍出现严重刺激症状	无

2012年2月，国务院同意发布新修订的《环境空气质量标准》(GB 3095—2012)增设颗粒物 $PM_{2.5}$（粒径≤2.5μm）监测指标。

$PM_{2.5}$是指大气中直径小于或等于2.5μm的颗粒物，也称为可入肺颗粒物。$PM_{2.5}$粒径小，富含大量的有毒、有害物质且在大气中的停留时间长、输送距离远，因而对人体健康和大气环境质量的影响更大。

阅读材料

《环境空气质量标准》(GB 3095—2012)部分质量指标

环境空气功能区质量要求见表3-3和表3-4，各项污染物分析方法见表3-5，污染物浓度数据有效性的最低要求见表3-6。

表 3-3　环境空气污染物基本项目浓度限值

序号	污染物项目	平均时间	浓度限值 一级	浓度限值 二级	单位
1	二氧化硫(SO_2)	年平均	20	60	$\mu g/m^3$
1	二氧化硫(SO_2)	24h平均	50	150	$\mu g/m^3$
1	二氧化硫(SO_2)	1h平均	150	500	$\mu g/m^3$
2	二氧化氮(NO_2)	年平均	40	40	$\mu g/m^3$
2	二氧化氮(NO_2)	24h平均	80	80	$\mu g/m^3$
2	二氧化氮(NO_2)	1h平均	200	200	$\mu g/m^3$
3	一氧化碳(CO)	24h平均	4	4	mg/m^3
3	一氧化碳(CO)	1h平均	10	10	mg/m^3
4	臭氧(O_3)	日最大8h平均	100	160	$\mu g/m^3$
4	臭氧(O_3)	1h平均	160	200	$\mu g/m^3$
5	颗粒物(粒径小于等于$10\mu m$)	年平均	40	70	$\mu g/m^3$
5	颗粒物(粒径小于等于$10\mu m$)	24h平均	50	150	$\mu g/m^3$
6	颗粒物(粒径小于等于$2.5\mu m$)	年平均	15	35	$\mu g/m^3$
6	颗粒物(粒径小于等于$2.5\mu m$)	24h平均	35	75	$\mu g/m^3$

表 3-4　环境空气污染物其他项目浓度限值

序号	污染物项目	平均时间	浓度限值 一级	浓度限值 二级	单位
1	总悬浮颗粒物(TSP)	年平均	80	200	$\mu g/m^3$
1	总悬浮颗粒物(TSP)	24h平均	120	300	$\mu g/m^3$
2	氮氧化物(NO_x)	年平均	50	50	$\mu g/m^3$
2	氮氧化物(NO_x)	24h平均	100	100	$\mu g/m^3$
2	氮氧化物(NO_x)	1h平均	250	250	$\mu g/m^3$
3	铅(Pb)	年平均	0.5	0.5	$\mu g/m^3$
3	铅(Pb)	季平均	1	1	$\mu g/m^3$
4	苯并[a]芘(BaP)	年平均	0.001	0.001	$\mu g/m^3$
4	苯并[a]芘(BaP)	24h平均	0.0025	0.0025	$\mu g/m^3$

表 3-5　各项污染物分析方法

序号	污染物项目	手工分析方法 分析方法	手工分析方法 标准编号	自动分析方法
1	二氧化硫(SO_2)	环境空气　二氧化硫的测定　甲醛吸收-副玫瑰苯胺分光光度法	HJ 482	紫外荧光法、差分吸收光谱分析法
1	二氧化硫(SO_2)	环境空气　二氧化硫的测定　四氯汞盐吸收-副玫瑰苯胺分光光度法	HJ 483	紫外荧光法、差分吸收光谱分析法

续表

序号	污染物项目	手工分析方法		自动分析方法
		分析方法	标准编号	
2	二氧化氮(NO_2)	环境空气 氮氧化物(一氧化氮和二氧化氮)的测定 盐酸萘乙二胺分光光度法	HJ 479	化学发光法、差分吸收光谱分析法
3	一氧化碳(CO)	空气质量 一氧化碳的测定 非分散红外法	GB 9801	气体滤波相关红外吸收法、非分散红外吸收法
4	臭氧(O_3)	环境空气 臭氧的测定 靛蓝二磺酸钠分光光度法	HJ 504	紫外荧光法、差分吸收光谱分析法
		环境空气 臭氧的测定 紫外光度法	HJ 590	
5	颗粒物(粒径小于等于$10\mu m$)	环境空气 PM_{10}和$PM_{2.5}$的测定 重量法	HJ 618	微量振荡天平法、β射线法
6	颗粒物(粒径小于等于$2.5\mu m$)	环境空气 PM_{10}和$PM_{2.5}$的测定 重量法	HJ 618	微量振荡天平法、β射线法
7	总悬浮颗粒物(TSP)	环境空气 总悬浮颗粒物的测定 重量法	GB/T 15432	
8	氮氧化物(NO_x)	环境空气 氮氧化物(一氧化氮和二氧化氮)的测定 盐酸萘乙二胺分光光度法	HJ 479	化学发光法、差分吸收光谱分析法
9	铅(Pb)	环境空气 铅的测定 石墨炉原子吸收分光光度法(暂行)	HJ 539	—
		环境空气 铅的测定 火焰原子吸收分光光度法	GB/T 15264	
10	苯并[a]芘(BaP)	空气质量 飘尘中苯并[a]芘的测定 乙酰化滤纸层析荧光分光光度法	GB 8971	—
		环境空气 苯并[a]芘的测定 高效液相色谱法	GB/T 15439	—

表3-6 污染物浓度数据有效性的最低要求

污染物项目	平均时间	数据有效性规定
二氧化硫(SO_2)、二氧化氮(NO_2)、颗粒物(粒径小于等于$10\mu m$)、颗粒物(粒径小于等于$2.5\mu m$)、氮氧化物(NO_x)	年平均	每年至少有324个日平均浓度值 每月至少有27个日平均浓度值(2月至少有25个日平均浓度值)
二氧化硫(SO_2)、二氧化氮(NO_2)、一氧化碳(CO)、颗粒物(粒径小于等于$10\mu m$)、颗粒物(粒径小于等于$2.5\mu m$)、氮氧化物(NO_x)	24h平均	每日至少有20个小时平均浓度值或采样时间
臭氧(O_3)	8h平均	每8h至少有6h平均浓度值
二氧化硫(SO_2)、二氧化氮(NO_2)、一氧化碳(CO)、臭氧(O_3)、氮氧化物(NO_x)	1h平均	每小时至少有45min的采样时间
总悬浮颗粒物(TSP)、苯并[a]芘(BaP)、铅(Pb)	年平均	每年至少有分布均匀的60个日平均浓度值 每月至少有分布均匀的5个日平均浓度值
铅(Pb)	季平均	每季至少有分布均匀的15个日平均浓度值 每月至少有分布均匀的5个日平均浓度值
总悬浮颗粒物(TSP)、苯并[a]芘(BaP)、铅(Pb)	24h平均	每日应有24h的采样时间

3.3.3 大气污染物的来源

大气污染物一般分为一级（原生）污染物和二级（次生）污染物两类：一级（原生）污染物，即由污染源直接排入大气的；二级（次生）污染物，是由一级污染物在大气中进行热或光化学反应后的产物，后者往往危害性更大。火山作用、森林火灾、沙尘暴等是空气污染物的天然来源，这些与人为造成的污染物的来源相比要少很多。大气污染主要来源于人类生活及生产活动，大气的人为污染源主要有三种。生活污染源：人们由于烧饭、取暖等生活上的需要，通过大量燃烧化石燃料，向大气排放大量的煤烟和SO_2等污染物。生活污染源具有量大、分布广、排放高度低等特点，其危害性不容忽视。工业污染源：工业污染源来源较广，包括火力发电厂、钢铁厂、水泥厂和化工厂等能耗较高的企业燃烧矿物燃料而排放的污染物；各工厂生产过程中的排气（如各类化工厂直接向大气排放具有刺激性、腐蚀性、异味性或恶臭的有机和无机气体等）以及各类工矿企业生产过程中排放的矿物和金属粉尘。交通运输污染源：由飞机、船舶、汽车等交通工具（移动源）排放的尾气，越来越成为人们关注的对象。在一些发达国家和我国很多城市，由于汽车等交通工具的大量使用，汽车排放的尾气已构成大气污染的主要污染源。

人为排放的大气污染物有数十种之多，危害较大的五种主要大气污染物是颗粒物质、硫氧化物、氮氧化物、CO和CO_2、烃类等。

（1）颗粒物质　大气是由各种固体或液体微粒均匀地分散在空气中形成的一个庞大的分散系统（气溶胶），气溶胶中分散的各种粒子（除水外）称为大气颗粒物质，包括尘、烟、雾等。其大小比分子要大得多，它的直径一般在$0.1\sim10\mu m$，通常大到肉眼可见。颗粒物质的来源可分为天然源和人为源，而以人为源为主。人为源主要包括燃料燃烧过程中形成的煤烟、飞灰，各种工业过程排放的原料或产品微粒，汽车排放的含铅化合物、建筑工地的粉尘等。天然来源主要来自风起尘埃、火山灰等。

颗粒物质是重要的大气污染物，对人及动植物的危害很大。从颗粒大小看：$5\mu m$以上的颗粒大部分在上呼吸道被消除；而小于$5\mu m$的颗粒会侵入支气管壁；$0.1\sim1\mu m$的可深深地侵入肺部，危害最大。从2013年开始我国大部分城市出现的雾霾天气，就是空气中的颗粒物太多所致，处于这样的天气之下，必将对人的健康造成严重的损害。另外，有些颗粒物因含铅、氟等有毒有害物质会对人的健康造成更大的危害。

（2）硫氧化合物SO_x　大气中的硫氧化物主要是SO_2，还有小部分SO_3。这些硫氧化合物主要来自火力发电厂和供热厂中含硫化石燃料（如煤）的燃烧，其次是冶炼厂、硫酸厂的排放气、有机物的分解和燃烧、海洋及火山活动等。自20世纪70年代以来，全球SO_2排放总量平均每年递增5%，1980年达到2亿吨，但自90年代前后起，SO_2排放量在欧洲及北美的发达国家进行了有效控制，全球总排放量可能有所下降。SO_2不但对人的呼吸道有强烈的刺激性，它还会使植物产生漂白的斑点、抑制植物生长、损害植物叶片和降低植物性农产品产量。当空气中有微粒物质共存时，其危害可增大3~4倍（如伦敦烟雾事件）。

伦敦烟雾事件：伦敦地处泰晤士河下游开阔的河谷之中，是一个工业发达、人口集中的大城市。1952年12月5日，从清晨开始，一股强大的移动性高气压，像一块巨大的黑幕，笼罩在南英格兰上空。泰晤士河谷地区几乎完全处于无风状态，冷空气沿着伦敦盆地的斜面流入盆地，造成近地表空气气温下降，在盆地上空形成了处于 50～150m 的逆温层。从伦敦工业区和住宅中喷吐出来的燃煤产生的大量烟尘和 SO_2 等污染物被封闭在逆温层下，一时扩散不出去，污染物迅速积累，特大的浓雾持续了 4 天。伦敦盆地就成了这茫茫雾海的海底。伦敦的许多市民特别是老年人或原来患有慢性心脏病及呼吸系统疾病的人，因呼吸这种污浊空气而中毒，病患者咳嗽、喉痛、呕吐，一时伦敦医院住满了中毒患者，尽管进行了输氧抢救，4 天内仍有 4703 人死亡，这就是世界有名的"伦敦烟雾事件"，如图 3-9 所示。后来在 1956 年、1957 年和 1962 年在基本相同的气象条件和时间季节又发生过同类事件，死亡 2000 余人。研究表明，伦敦烟雾使人致病的主要原因是烟尘和 SO_2 的协同作用，其中烟尘起主导作用。烟尘中含有的金属锰、铁及其盐微粒等物质催化了 SO_2 氧化为 SO_3 的反应，SO_3 再与空气中的水汽作用，形成硫酸雾，其大小恰好能沉积于肺泡中，有毒污染物质由此进入血液，造成人的中毒与死亡。

图 3-9 伦敦烟雾事件

SO_x 的许多不良作用是由于 SO_3 与水作用生成 H_2SO_4 造成的，硫酸和硝酸形成的酸雨已严重危害我国和世界许多地区，成为三大全球性公害之一。我国的酸雨面积已超过国土面积的 30%，酸雨将严重危害人体的健康和植物的生长，被人们称为"空中死神"和"看不见的杀手"。

（3）氮氧化合物 NO_x　氮氧化物（NO_x）的种类很多，造成大气污染的主要物质是 NO 和 NO_2。它们的主要来源有：矿物燃料的燃烧（如汽车尾气），硝酸（HNO_3）厂、氮肥厂、有机中间体厂、有色及黑色金属冶炼厂等的排放气。现在，每年向大气排放的 NO_x 已超过 5000 万吨。氮氧化物浓度高时气体呈棕黄色，从工厂高大烟囱排出来的含 NO_x 的气体，人们称它为"黄龙"。NO 会刺激呼吸系统，还能与血红素（血红素是血红蛋白分子的活化基团，血红蛋白的功能主要是运载 O_2 和 CO_2）结合成亚硝基血红素而使人中毒。NO_2 能严重刺激呼吸系统，并能使血红素硝基化，危害比 NO 更大。NO_2 还可与水生成硝酸酸雨，产生危害。历史上有名的洛杉矶光化学烟雾事件就是因为汽车排放的大量尾气中含有 NO_x 造成的。

洛杉矶光化学烟雾事件：洛杉矶城是个一面临海、三面环山的盆地城市，经常连日晴朗、少风，一年中约有 300 天出现逆温层。1943～1952 年，洛杉矶虽然没有什么工厂，但汽车高达250多万辆，从汽车排放出大量的含氮氧化物和烃类化合物等污染物的尾气，在阳光照射下发生光化学反应，产生一系列有强氧化性、刺激性的有害烟雾。在低风速的逆温层条件下，聚集于洛杉矶盆地的上空，一时难以扩散，导致多人患眼、鼻、喉等多种疾病，并最终造成了400多人死亡。这就是著名的"洛杉矶光化学烟雾事件"。

分析各种大气污染事故，可归纳出下列一些主要特征：逆温层和低风速，使空气处于停滞状态；烟尘、SO_2、NO_x 或其他污染物浓度严重超标，一开始引起咳嗽、眼疼及其他疾病；严重时造成人员死亡事故。

(4) CO 和 CO_2 一氧化碳（CO）是无色、无臭、无味的气体，是人类向大气排放量最大的污染物，主要来自燃料的不完全燃烧，但是近来的研究指出，天然产生的一氧化碳（CO）也不容忽视。由于近代对燃烧装置和燃烧技术的改进，所以从固定燃烧装置排放的一氧化碳（CO）有所减少，而由汽车等燃烧发生的一氧化碳（CO）量逐年增加，占人为污染源排放的一氧化碳（CO）总量的70%左右。海洋是CO的另一个重要的天然来源。人们发现，海洋对CO是过饱和的，海洋每年向大气排放CO约达0.6亿吨。一般城市空气中的CO含量水平对植物及有关微生物均无害，但对人和动物有害，因CO能与血红蛋白结合，生成"碳氧血红蛋白"。CO与血红蛋白的结合能力比氧气与血红蛋白的结合能力要大200多倍，因此CO进入血液后，会使血液降低甚至失去输氧能力，导致人体缺氧。轻度CO中毒的症状表现为头痛、恶心等，严重时则昏迷、痉挛甚至死亡（煤气中毒即由此而引起）。

近期研究表明，某些土壤微生物的代谢过程能使CO转变为CO_2。

二氧化碳与CO不同，它本身没有毒性，因此过去都不把CO_2列为污染物，但现在人们认识到CO_2也是相当重要的污染物。近一个多世纪以来，随着工业、交通的高速发展，排入大气中的CO_2与日俱增，超过了植物通过光合作用消除CO_2的量，CO_2浓度迅速增加。CO_2是一种温室气体，其含量的不断增加会引起全球气候变暖。

(5) 烃类 C_xH_y 烃类是通过炼油厂排放气、汽车尾气、工业生产及固定燃烧污染源等进入大气的。一个更重要的来源是汽车尾气，尾气中总含有相当量的未燃尽的烃类。这些烃类大多是饱和烃，对环境影响更大的是由饱和烃裂解而产生的活性较高烯烃，例如辛烷裂解生成的乙烯、丙烯、丁烯等不饱和烃，更易和O、NO及O_3等发生反应，生成光化学烟雾中的某些极有害的成分。大气中的烃类还会因某些植物释放产生，如某些植物的叶、花或果实中存在或释放CH_4和萜类化合物等。这些物质释放量虽大，但分散在广阔的大自然中，所以并未构成对环境和人类的直接危害。但研究表明，从1978~1987年的10年中，在低层大气中，全球范围内的CH_4浓度已上升11%，CH_4浓度的增加会强化温室效应。还有其他的大气有机污染物，如氟利昂，它是破坏高空臭氧层的主要物质。

3.3.4 我国大气污染的主要特征

在目前的大气污染问题中，一直比较突出的是酸雨问题、粉尘、温室效应、臭氧层空洞和光化学烟雾等，但从2013年开始，持续的全国大范围的雾霾天气已经成为我国大气污染的新特征，需要引起高度的重视。

(1) 煤烟型污染占重要地位　我国工业中需要利用煤作为热源的企业占 80% 左右，民用煤在煤炭消费结构中所占比例过大（我国城市居民、机关食堂、服务行业炊事灶和供暖用煤占煤炭消费总量 22.6%，而美国只占 0.8%，日本只占 0.4%），燃煤设备燃烧效率过低，燃煤产生的主要污染物为硫化物、氮氧化物和粉尘。煤烟型污染的特点是大中城市重于小城镇，冬春季重于夏秋季。我国的经济还将不断发展，能源需求不断增加，燃煤污染仍为发展趋势。

(2) 机动车尾气污染日趋严重　改革开放以来，随着工业和交通运输业的发展，机动车（汽车和摩托车）的社会保有量不断增加，使一些大中城市汽车尾气污染变得越来越突出。2013 年末，我国汽车保有量达到 1.37 亿辆，是 2003 年的 5.7 倍。2016 年 3 月底我国汽车保有量为 1.79 亿辆，其中小型载客汽车 1.42 亿辆。机动车尾气中主要污染物是 CO、NO_x、烃类化合物、铅等。

(3) 雾霾天气　机动车尾气和大量燃煤被公认为是造成我国多地雾霾天气的最大元凶。雾霾天气已经严重影响了人们的正常生活和工作，并将对人们的健康造成很大的威胁。据统计，美国空气污染较大的城市的人口死亡率比空气污染较小的要高出 26% 左右。

阅读材料

汽车过亿，是喜是忧？

图 3-10 为世界主要国家和地区 2011 年汽车保有量。据统计，到 2013 年末，我国汽车保有量达到 1.37 亿辆。

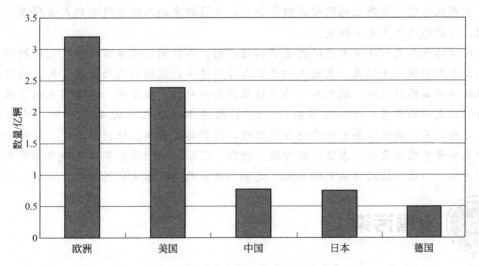

图 3-10　2011 年世界主要国家和地区汽车保有量

汽车过亿，标志着中国汽车大国地位的进一步确立。汽车大国的身份则是一国经济发展、工业发达和百姓生活质量提高的集中表现。但同时，道路拥堵、空气污染、能源短缺和土地稀缺又使汽车的快速增长饱受诟病。

北京、上海等大城市已经成为名副其实的"堵城"。每到上、下班和节假日高峰时间，大小道路上都塞满了汽车。中国大约有 3.7 亿户家庭，假设按 100 户 60 辆计算的话，中国10年后大约会有2.2亿辆私家车。不知道往哪里放这些汽车？道路会拥堵到什么程度？

除了拥堵，尾气排放也是人们揪心汽车保有量猛增的一个原因。2013年的1月，北京持续26天的雾霾令所有人都不能再淡定。各方专家用尽办法查找雾霾元凶后，认为汽车尾气"罪责难逃"。中国科学院"大气灰霾追因与控制"专项组于2013年2月公布的最新研究结果显示，在北京地区，机动车尾气为城市$PM_{2.5}$的最大来源。专项组负责人、中科院大气物理所研究员王跃思说，本次席卷中国中东部地区的强霾污染物，是英国伦敦1952年烟雾事件和20世纪40～50年代开始的美国洛杉矶光化学烟雾事件污染物的混合体，并叠加了中国特色的沙尘气溶胶，并且道路拥堵加剧，会使污染成倍攀升。

路不够，不断地开辟新路是不是治堵的办法？事实证明，美国53个城市30%的土地被汽车占领，人们还是苦于找不到车位。而中国的人口密度是美国的5倍，土地资源十分短缺，人均耕地占有量只有世界平均水平的1/3。如果中国不断将养命活口的土地大量地用来修建道路或停车场，18亿亩的耕地红线将迅速被突破，未来将是怎样的图景让人不敢想象。

从1993年开始，我国已成为石油净进口国。2012年，我国进口原油2.85亿吨，对外依存度达到了58.7%。一般认为，石油进口依存度超过50%，就说明该国已进入能源预警期。美国年人均消费石油近3t，年人均消费天然气2000m^3。如果向"车轮上的国家"美国的能源消费模式学习，中国13亿人口仅石油一项就要消耗40亿吨！

汽车从奢华性向功能性转变，放弃车轮上的享受、回归自然都是成熟汽车文化的表现。曾有人感叹，在荷兰的阿姆斯特丹街头，骑自行车的人比开汽车的人多得多，而在欧洲，行驶的汽车多是小排量。

成熟的汽车文化是多方面的力量共同造就的：在欧洲，很多道路旁边划出的停车位只适合小型的两厢车停放，大的三厢车根本停不进去；欧洲的汽油是最贵的，原因是欧洲征收非常高的燃油税，政府不会为保持低油价而补贴石油企业。在美国也出了很多政策来制约大车的发展，比如在华盛顿，SUV的停车费要比一般车贵50%。从城市规划、道路设置、公交服务等方面全方位改进，提供真正便利、快捷的公交，让每个人都尽量减少开车的必要性。东京、新加坡、伦敦、巴黎、纽约等世界超大城市都有完善的地铁网络、四通八达的公共交通系统。这些都是成熟的汽车文化的表现。

3.4 土壤污染

土壤是人类环境的主要构成元素之一，处在陆地生态系统中的无机界和生物界的中心。土壤系统不仅在内部进行着能量和物质的循环，而且与水域、大气和生物之间也不断进行物质交换。土壤是人类社会和文明发展的温床，每年的4月22日为"地球日"。

所谓土壤污染，是指由于人为输入土壤的各种污染物影响了土壤的正常功能，降低了农作物的产量和生物学质量，影响了人类健康。

我国是耕地资源极其匮乏的国家，并且耕地的数量还在不断地减少。另一方面，由于受到化工废物、污水、重金属和电子垃圾等的影响,我国的土壤污染问题越来越严重。因此,随着我国人口数量的持续增长,依赖于土地的粮食问题将会日益突出。

(1) 土壤污染物的分类　按污染物来源,土壤污染物可分为生活性污染和生产性污染。由于生活污水的排放导致的称为生活性污染,由于工业生产、农业生产引起的为生产性污染。根据污染物的性质不同,土壤污染物又可分为如下四类:

化学污染物。包括汞、镉、铅、砷等重金属;过量的氮、磷植物营养元素;氧化物和硫化物等无机污染物;各种化学农药;石油及其裂解产物以及其他各类有机合成产物等有机污染物。

物理污染物。包括来自工厂、矿山的固体废物,如尾矿、废石、工业垃圾等。

生物污染物。指带有各种病菌的城市垃圾和由医院等排出的废水、废物等。

放射性污染物。主要存在于核原料开采和核爆炸地区。

(2) 土壤污染的特征　与水体污染、大气污染不同,土壤污染一般无法通过人类感观系统感知。通常都是发现对人畜产生危害后,通过现代分析手段对土壤样品进行分析检测才能判定,所以土壤污染物不太容易被发现,具有隐蔽性。由于土壤不像水体和大气一样具有较强的流动性,所以土壤中的污染物还具有累积性和区域性,同时还导致土壤污染的难治理性。

(3) 土壤污染物的防治措施　加强宣传、监督和管理工作的力度,提高公众的土壤环保意识。

加强土壤污染的调查和监测工作。

重视土壤污染治理实用技术的开发,加强对垃圾和生活污水进行无害化处理;加强对工业废水、废气、废渣的治理和综合利用,积极开发高效、低毒、低残留的农药等。

最关键的问题是,要重视土壤污染与防治的立法工作,加强对污染物随意排放的惩处力度。

思考题

1. 世界环境面临的问题和挑战主要有哪些方面?
2. 说说酸雨的产生及危害。
3. 查阅资料,通过了解我国的江河污染情况,体会保护水资源的意义。
4. 说说废水处理有哪些主要方法。
5. 查阅资料,说说温室效应的危害。
6. 分组讨论:我国雾霾天气产生的原因及防治对策。
7. 查阅资料,谈谈对我国发展汽车工业的看法。
8. 查阅资料,了解我国的土壤污染情况。你有何感想?
9. 分组讨论:保护环境为什么要以法治为基础?

Chapter 04

第 4 章
化学与材料

4.1 材料的发展简史及分类
4.2 材料的组成、结构和性能
4.3 金属材料
4.4 无机非金属材料
4.5 高分子材料
4.6 复合材料

材料的发展简史及分类

材料是指经过某种加工（包括开采和运输），具有一定的组分、结构和性能，适合于一定用途的物质。材料是人类赖以生存和发展的物质基础。人类的一切活动都离不开材料，材料在人类社会的发展中具有不可替代的作用和地位。人类的发展史可以根据材料的发展史来划分，见图 4-1。

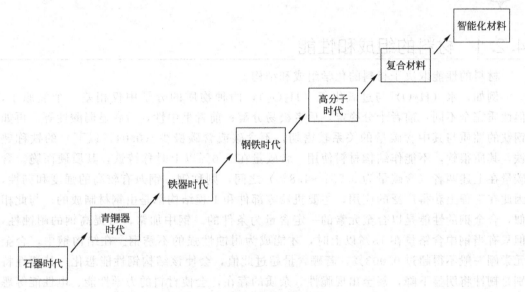

图 4-1　材料发展进程

从古代的石器时代，经过青铜器时代、铁器时代、钢铁时代进入到高分子时代，现在的复合材料和智能化材料正处在高速发展之中。

材料的发展离不开化学。特别是现在的高分子材料、复合材料等更是依赖于化学的发展。下面我们以 PVC 为例，来展望一下高分子材料的发展前景。

2012 年，我国 PVC 产量已达 1300 万吨，跃居五大合成材料之首。1t PVC 能代替

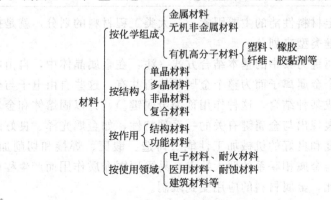

图 4-2　材料的分类

9.5m³ 的木材、7.14t 钢材或 10t 铸铁管，而生产 1t 钢材和铝材的能耗又是 PVC 能耗的 5 倍和 8 倍。在很多方面，PVC 能代替钢材和铝材，有时甚至其性能更优。我国大力提倡节能减排，某些领域使用的能耗高的钢材和铝材可用 PVC 等合成材料替代，PVC 等合成材料必将有更大的发展前景。

材料的分类，见图 4-2。

4.2 材料的组成、结构和性能

4.2.1 材料的组成和性能

材料的性能取决于材料的化学组成和结构。

例如，水（H_2O）与过氧化氢（H_2O_2），两种物质的分子中仅相差一个氧原子，但性质完全不同：前者十分稳定，后者极易分解；前者呈中性，后者显弱酸性等。再如钢铁的性质与其中含碳量的关系较密切，不含碳或含碳极少（0.04% 以下）的铁称熟铁，其质很软，不能作结构材料使用。含碳量在 2.0% 以上时称铸铁，其质硬而脆。含碳量在上述两者（含碳量为 0.7%～1.8%）之间，则称钢。钢兼有较高的强度和韧性，因此在工程上获得广泛的应用，主要机器零部件和工程结构都是由钢材制成的。与此相似，合金钢的性能是以合金元素的一定含量为条件的。钢中加铬，可提高钢的耐蚀性，但只有当钢中含铬量在 13% 以上时，才能成为耐蚀性强的不锈钢。在结构钢中，合金元素硼一般不得超过 0.003%，若硼含量超过此值，会使该结构钢性能恶化，其塑性特别是韧性将明显下降，甚至出现脆性。杂质的存在，会使材料的力学性能、电性能等恶化。因此，提高材料的纯度，是增强材料特性的重要途径。电子工业中，对硅的纯度要求极高，但有时又要在高纯的硅中有控制地掺入少量杂质，以提高其半导性能，并使之具有不同的半导类型和特性。由此可见，材料的组成对于控制和改变材料性能起着重要的作用。

4.2.2 化学键类型与材料性能

化学键类型是决定材料性能的主要因素，三大类工程材料的划分，就是按各类材料中起主要作用的化学键类型来划分。

金属材料，以金属键为其中的基本结合方式（注：在金属晶体中，自由电子作穿梭运动，它不专属于某个金属离子而为整个金属晶体所共有。这些自由电子与全部金属离子相互作用，从而形成某种结合，这种作用称为金属键。），并以固熔体和金属化合物合金形式出现。因此，表现出与金属键有关的一系列特性，如金属光泽、良好的导电导热性，较高的强度、硬度和良好的机械加工性能（铸造、锻压、焊接和切削加工等）等。但金属材料也表现出与金属相联系的两大缺点：易受周围介质作用而产生程度不同的腐蚀；高温强度差。因此，金属材料的应用受到限制。

无机非金属材料多由非金属元素或非金属元素与金属元素所组成，以离子键或共价键为结合方式，以氧化物、碳化物、氮化物等非金属化合物为存在形式，因而具有许多独特的性能，如硬度大、熔点高、耐热性好、耐酸碱侵蚀能力强，是热和电的良好绝缘体，但存在脆性大和成型加工困难等缺点，若干理论和技术问题尚需进一步解决，才能扩大其应用范围。

有机高分子材料（或称有机高聚物），主要是由以共价键结合的烃及其衍生物，以"大分子链"组成的聚合物为基础的材料。这些"大分子链"长而柔曲，相互间以范德华力结合，或以共价键相交联产生网状或体型结构，或以线型分子链整齐排列而形成高聚物晶体。正是由于这类化合物结构上的复杂性，赋予有机高分子材料多样化的性能。它们质轻、有弹性、韧性好、耐磨、自润滑、耐腐蚀、电绝缘性好、不易传热，成型性能好，其比强度（材料的强度与密度之比）可达到或超过钢铁。因此，有机高分子材料发展十分迅速，应用日益广泛。

高分子材料的主要缺点是：结合力较弱、耐热性差，大多数有机高分子材料的使用温度不能超过200℃，有的高分子材料易燃，使用安全性差；在溶剂、空气和光线作用下，易产生老化现象，表现为变软发黏或变硬发脆，且性能恶化。

4.2.3 晶体结构和性能

实践中发现，不少晶格类型相同的物质，也具有相似或相近的性质。例如，碳的两种同素异形体：金刚石和石墨的不同性质，产生于晶格类型的不同。金刚石属立方晶型（图4-3），而石墨则为六方层状晶型（图4-4）。与碳元素同为"等电子体"（组成中每个原子的平均价电子数相同）的氮化硼BN，也有立方和六方两种晶型。立方BN的主要性质与金刚石相近，硬度近于10，有很好的化学稳定性和抗氧化性，用作高级磨料和切割工具，六方BN性质则与石墨相近，较软（硬度仅为2），高温稳定性好，作为高温固体润滑剂，比石墨效果还好，故有"白色石墨"之称。

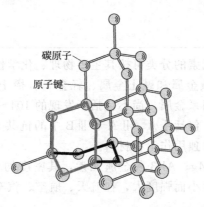

图4-3 金刚石的结构（原子晶体）

又如，20世纪末曾发现了石英晶体具有压电效应，即晶体在外界机械力作用下发生极化，导致晶体两端表面出现符号相反的束缚电荷的效应，其电荷密度同外力大小成比例，实现了机械能与电能间的相互转换。以后的研究证明，石英的压电效应是由于其晶体不具有对称中心引起的。后来陆续发现若干物质也具有压电性质，同时它们的晶体

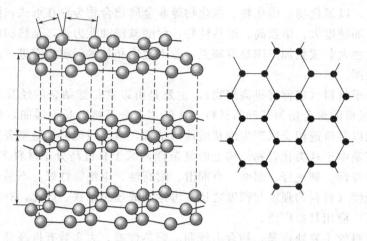

图 4-4 石墨的结构（原子、金属、分子晶体）

中也无对称中心。由此得出结论，凡是在结构中无对称中心的晶体均有压电性。这样，就大大地开阔了人们的视野，拓宽了寻找新材料的范围。

除晶体外，固体材料的另一大类是非晶体。这类材料结构中，原子或分子不呈规则排列的状态，其外观与玻璃相似，故非晶态也称玻璃态。非晶态固体，由液态到固态没有突变现象，表明其中粒子的聚集方式和通常液体中粒子的聚集方式相同。近代研究指出，非晶态的结构可用"远程无序、近程有序"来概括，由此产生了非晶态固体材料的许多重要特性。

 金属材料

4.3.1 金属概述

（1）金属分区 金属元素的分类可按其主要物理、化学性质统一考虑，根据其性能特点将金属分为八类，即碱金属和碱土金属、轻金属、稀土金属、易熔金属、难熔金属、铁族金属、贵金属和锕系金属（尚不包括新发现的 104～112 号元素）。

碱金属和碱土金属区：包括ⅠA、ⅡA 和ⅢB 中的锕共 11 种金属元素，由于它们的化学性质很活泼，很少单独用作工程材料。

轻金属区：包括 Be、Mg、Al 3 种金属元素，其密度均小于 $5g/cm^3$，是工业中应用的金属，它们的合金密度小而强度大，在航天、航空、汽车制造等部门中是最重要的轻型结构材料。

稀土金属区：包括 Y、La 及镧系元素共 16 种金属元素。由于原子结构相似、半径相近，这些元素性质十分相似，在自然界常共生在一起。"稀土"是一个历史名词，实际上它们在地壳中的含量比常见的如 Cu、Zn、Sn、Pb 等金属都多。稀土元素在国民经济各部门和国防尖端技术中有极重要的应用，且领域还在不断扩大。我国稀土资源较为丰富，但近年来我国稀土矿被盗挖盗采的现象较严重，如何进行合理的保护、开发和利

用值得重视。

难熔金属区：主要包括ⅣB、ⅤB、ⅥB和ⅦB（Mn除外）元素。这类金属的金属键强度大，熔点很高，都在1700℃以上，其中以W的熔点最高为3410℃，并且硬度大，而Cr是所有金属中最硬的，是制造耐磨、耐热、耐腐蚀材料的理想金属。

铁族金属区：包括Mn、Fe、Co、Ni，它们在性质上较为相似，其中以铁最为重要。铁、锰及其合金称为黑色金属，钴、镍及其合金称为有色金属，黑色金属有优良的综合性质且价格较低廉，占目前使用的金属材料的90%以上。Co、Ni及其合金具有特殊的高温强度，是重要的战略物资。

贵金属区：包括铜分族和铂族元素，它们的特点是高的化学惰性、价格昂贵。除Cu外，只用于仪表工业和制备催化剂等少数场合。Cu价较低廉，传热、导热、导电性能优良，是电气工业中不可缺少的材料，其合金广泛用于机械工业中。

易熔金属区：这类金属的金属键较弱，熔点低、硬度小，除As、Ge外，熔点一般都在300℃以下，因此是制造低熔点合金的主要金属。Ga、Ge、As作为重要的半导体材料，在高新技术中有广泛的应用。Zn、Cd及其合金在许多介质中都有较好的耐蚀性，世界Zn量中约有一半用于防腐蚀镀层。

锕系金属区：这类金属在自然界存在得很少，大多是人造元素，除在原子能工业中应用外，在科学研究中有较大的意义。

（2）金属冶炼　从矿石中制取金属单质的过程，称为冶金。冶金过程主要包括3个步骤：预处理、（还原）冶炼和精炼。①预处理。用物理或化学的方法除去矿石的杂质，"富集"所需的成分或制成下一步所需的形式。例如，许多矿石先经煅烧，制成较易被还原的金属氧化物形式。如黄铁矿煅烧为Fe_2O_3，菱锌矿$ZnCO_3$煅烧为ZnO等。②冶炼。金属的冶炼主要有湿法冶金和火法冶金两种过程。湿法冶金是将矿石置于溶液中溶解、浸出、分离其中的金属组分，再用沉积、净化、电解等方式获得纯金属。这种方法适用于处理金属含量较低或组分较复杂的原料，广泛用于有色和稀有金属的生产。火法冶金是将矿石在高温下还原为金属的过程，这是当前最主要的冶金方法，电解熔盐或氧化物制取活泼金属（如Na、K、Mg、Al）和热还原法冶炼金属都属于这类方法。热还原法是效率最高、应用最广的冶炼方法，是在加热条件下，用C、CO、H_2或Al等还原剂将金属从相应的氧化物中还原出来。③精炼。是进一步除去冶炼所得金属产品中的杂质的过程。常见的精炼方法有以下四种：热分解法。利用某些金属易形成液态或气态化合物，又易分解的性质提纯金属。例如，含杂质的镍在较低温度下用CO处理，可得气态的羰基镍$Ni(CO)_4$，后者可在较高温度下分解产生单质Ni和CO气体，从而获得99.99%的镍。区域精炼法。用环形加热圈固定于含杂质的金属（如锗）棒的周围，缓慢移动加热器，金属棒受热部分逐渐熔化。熔融的液态金属再结晶成纯形式时，杂质仍留在熔融态中，而被除去。这种过程可进行多次，每进行一次，金属的纯度就提高一次。用这种方法提纯的半导体材料（锗和硅），可得纯度为8～9个"9"的产品。电解精炼法。电解精炼的铜纯度很高，银、铅、镍等金属也可用电解法精炼。氧化杂质法。如炼钢过程，就是将生铁中的碳用氧化燃烧法部分除去，以达到合适的碳含量。

4.3.2 合金

合金是一种金属与另一种或其他金属或非金属熔合而具有金属特征的物质。分为常用合金（如钢铁、铝合金、铜合金等）和特种合金（如耐蚀合金、耐热合金、钛合金、磁性合金、储氢材料）等。

(1) 常用合金

① 钢铁 钢铁是工程技术中最重要、用量最大的金属材料。钢铁是铁与C、Si、Mn、P、S以及少量的其他元素所组成的合金。其中除Fe外，C的含量对钢铁的力学性能起着主要作用，故统称为铁碳合金。按含碳量的不同，铁碳合金分为钢与铸铁两大类。钢是含碳量小于1.8%的铁碳合金。碳钢是最常用的普通钢，冶炼方便、加工容易、价格低廉，而且在多数情况下能满足使用要求，所以应用十分普遍。按含碳量不同，碳钢又分为低碳钢、中碳钢和高碳钢。随含碳量升高，碳钢的硬度增加、韧性下降。含碳量2%～4.4%的铁碳合金称生铁，生铁硬而脆，但耐压耐磨。根据生铁中碳存在的形态不同又可分为白口铁、灰口铁和球墨铸铁。白口铁中碳以Fe_3C形态分布，断口呈银白色，质硬而脆，不能进行机械加工，是炼钢的原料，故又称炼钢生铁。碳以片状石墨形态分布的称灰口铁，断口呈银灰色，易切削、易铸、耐磨。若碳以球状石墨分布则称球墨铸铁，其力学性能、加工性能接近于钢。在铸铁中加入特种合金元素可得特种铸铁，如加入Cr，耐磨性可大幅度提高，在特殊条件下有十分重要的应用。

合金钢又叫特种钢，在碳钢的基础上加入一种或多种合金元素，使钢的组织结构和性能发生变化，从而具有一些特殊性能，如高硬度、高耐磨性、高韧性、耐腐蚀性等。经常加入钢中的合金元素有Si、W、Mn、Cr、Ni、Mo、V、Ti等。如在碳钢中加入≥13%的Cr等元素可制成我们常说的不锈钢，所以常用的不锈钢其实质就是一种含Cr的铁合金。

② 铝合金 铝是分布较广的元素，在地壳中含量仅次于氧和硅，是金属中含量最高的。纯铝密度较低，为2.7g/cm³，铝有良好的导热、导电性（仅次于Au、Ag、Cu）、延展性好、塑性高，可进行各种压力加工。铝的化学性质活泼，在空气中迅速氧化形成一层致密、牢固的氧化膜，而具有良好的耐蚀性，但纯铝的强度低，只有通过合金化才能得到可作结构材料使用的各种铝合金。铝合金的突出特点是密度小、强度高，铝中加入Mn、Mg形成的Al-Mn、Al-Mg合金有很好的耐蚀性，良好的塑性和较高的强度，称为防锈铝合金，用于制造油箱、容器、管道、铆钉等。硬铝合金的强度较防锈铝合金高，但防蚀性能有所下降，这类合金有Al-Cu-Mg系和Al-Cu-Mg-Zn系。新近开发的高强度硬铝合金，强度进一步提高，而密度比普通硬铝合金减小15%，且能挤压成型，可用作摩托车骨架和轮圈等构件，Al-Li合金可制作飞机零件和承受载荷的高级运动器材。目前高强铝合金广泛应用于飞机、舰艇和载重汽车等制造，可增加载重量及提高运行速度，并具有抗海水侵蚀、避磁性等特点。

③ 铜合金 纯铜呈紫红色，故称紫铜，有极好的导热、导电性，其导电性仅次于银而居金属中的第二位，有优良的化学稳定性和耐蚀性能，是优良的电工用金属材料。工业中广泛使用的铜合金有黄铜（Cu-Zn合金）、青铜（Cu-Sn合金）和白铜（Cu-Ni合金）等。黄铜中含Cu 60%～90%、Zn 40%～10%，有优良的导热性和耐腐蚀性，

用作各种仪器零件。加入少量 Sn，可使合金具有很好的抗海水腐蚀的能力，故被称为"海军黄铜"。在黄铜中加入少量的有润滑作用的 Pb，可用作滑动轴承材料。青铜是人类使用历史最久的金属材料，锡的加入明显地提高了铜的强度，并使其塑性得到改善，抗腐蚀性增强，因此锡青铜多用于齿轮等耐磨零部件和耐蚀配件。Sn 较贵，目前已大量用 Al、Si、Mn 来代替 Sn，而得到一系列青铜合金。铝青铜的耐蚀性比锡青铜还好，铍青铜是强度最高的铜合金，它无磁性又有优异的抗腐蚀性能，是可与钢相竞争的弹簧材料。白铜有优异的耐蚀性和高的电阻，故用作苛刻腐蚀条件下工作的零部件和电阻器的材料。

(2) 特种合金

① 耐蚀合金 金属材料在腐蚀性介质中所具有的抵抗介质侵蚀的能力，称金属的耐蚀性。纯金属中，耐蚀性高的通常具备下述三个条件之一：a. 热力学稳定性高的金属。通常可用其标准电极电势来判断，其数值较正者稳定性较高，较负者则稳定性较低。耐蚀性好的贵金属，如 Pt、Au、Ag、Cu 等就属于这一类。b. 易于钝化的金属。不少金属可在氧化性介质中形成具有保护作用的致密氧化膜，这种现象称为钝化。金属中最容易钝化的是 Al、Cr、Ti、Zr（锆）、Ta（钽）、Nb（铌）等。c. 表面能生成难溶的和保护性良好的腐蚀产物膜的金属。这种情况只有在金属处于特定的腐蚀介质中出现，例如，H_2SO_4 溶液中的 Pb 和 Al，H_3PO_4 中的 Fe，盐酸溶液中的 Mo 以及大气中的 Zn 等。

根据上述原理，工业上采用合金化方法来获得一系列耐蚀合金。相应地也有三种方法：a. 提高金属或合金的热力学稳定性，即向原不耐蚀的金属或合金中加入热力学稳定性高的合金元素，使形成固溶体以及提高合金的电极电势，增加耐蚀性。如 Cu 中加 Au，Ni 中加入 Cu、Cr 等。考虑到成本的因素，此类合金在工业上的应用是有限的。b. 加入易钝化合金元素，如 Cr、Ni、Mo 等，可提高基体金属的耐蚀性。如钢中加入适量的 Cr，可制得铬系不锈钢。在不锈钢中，含 Cr 量一般应大于 13％时才能起抗蚀作用，Cr 含量越高，其耐蚀性越好。铬系不锈钢在氧化介质中有很好的抗蚀性，但在非氧化性介质如盐酸中，耐蚀性较差。这是因为非氧化性酸不易使合金生成氧化膜，同时对氧化膜还有溶解作用。c. 加入能促使合金表面生成致密的腐蚀产物保护膜的合金元素。例如，钢能耐大气腐蚀是由于其表面形成结构致密的化合物羟基氧化铁 $[FeO_x\cdot(OH)_{3-2x}]$ 的保护作用。钢中加入 Cu、P 或 P、Cr 均可促进这种保护膜的生成，由此可用 Cu、P 或 P、Cr 制成耐大气腐蚀的低合金钢。

金属腐蚀是工业上危害最大的自发过程，因此耐蚀合金的开发与应用，有巨大的社会意义和经济价值。

② 耐热合金 耐热合金又称高温合金，是指使用温度大于 700℃的合金。一般来说，金属材料的熔点越高，其可使用的温度限度越高。金属熔点 T_m 的 60％，被定义为理论上可使用温度上限 T_c，即 $T_c = 0.6 T_m$。一般的金属材料都只能在 500～600℃下长期工作，因为随着温度的升高，金属材料的力学性能会显著下降，并且氧化腐蚀的趋势相应增大。"耐热"是指材料能在高温下能保持足够的强度和良好的抗氧化性能。提高钢铁抗氧化性的途径有两种：a. 在钢中加入 Cr、Si、Al 等合金元素，或者在钢的表面进行 Cr、Si、Al 合金化处理。它们在氧化性气氛中可很快生成一层致密的氧化膜，并牢固地附在钢的表面，从而有效地阻止氧化的继续进行。b. 在钢铁表面，用各种方法

形成高熔点的氧化物、碳化物、氮化物等耐高温涂层。提高钢铁高温强度的方法有很多，主要有两种方法：一是增加钢中原子间在高温下的结合力。金属中结合力，即金属键强度大小，主要与原子中未成对的电子数有关。从周期表中看，ⅥB 元素金属键在同一周期内最强。因此，在钢中加入 Cr、Mo、W 等原子的效果最好。二是加入能形成各种碳化物或金属间化合物的元素，使钢基体强化。由若干过渡金属与碳原子生成的碳化物属于间隙化合物，在金属键的基础上，又增加了共价键的成分，因此硬度极大，熔点很高。例如，加 W、Mo、V、Nb 可生成 $W_{1\sim 2}C$、$Mo_{1\sim 2}C$、VC、NbC 等碳化物，从而增加了钢铁的高温强度。利用合金方法，除铁基耐热合金外，还可制得镍基、钼基、铌基和钨基耐热合金，它们在高温下具有良好的力学性能和化学稳定性。其中，镍基合金是最优的超耐热金属材料，组织中基体是 Ni-Cr-Co 的固溶体和 Ni_3Al 金属化合物，经处理后，使用温度可达 1000～1100℃。

③ 钛合金　钛外观似钢，熔点达 1672℃，属难熔金属。钛在地壳中较丰富，远高于 Cu、Zn、Sn、Pb 等常见金属。我国钛的资源极为丰富，仅四川攀枝花地区发现的特大型钒钛磁铁矿中，伴生钛金属储量即达 4.2 亿吨，接近国外探明钛储量的总和。纯钛力学性能强，可塑性好，易于加工。杂质的存在，特别是 O、N、C 等元素，会提高钛的强度和硬度，但降低其塑性，增加脆性。钛是容易钝化的金属，且在含氧环境中，其钝化膜在受到破坏后还能自行愈合。因此，钛和钛合金有优异的耐蚀性，仅能被氢氟酸和中等浓度的强碱溶液侵蚀。特别是其对海水稳定，将钛或钛合金放入海水中数年后，取出仍光亮如初。钛的另一重要特性是密度小，其比强度是目前所有工业金属材料中最高的。另外，镍钛合金具有记忆功能。由于上述优异性能，钛享有"未来的金属"的美称。钛合金已广泛用于火箭、导弹、航天飞机、船舶、化工、电子器件和通信设备等领域，例如图 4-5 和图 4-6。目前只是由于钛的价格较昂贵，限制了它的广泛使用。

图 4-5　美国 F-35 战斗机

④ 磁性合金　材料在外加磁场中，可表现出三种情况：不被磁场吸引的物质，叫反磁性材料；微弱地被磁场所吸引的物质，叫顺磁性材料；被磁场强烈吸引的物质，称铁磁性材料，其磁性随外磁场的加强而急剧增高，并在外磁场移走后，仍能保留磁性。

图 4-6 中国歼-31 战斗机

金属材料中,大多数过渡金属具有顺磁性;只有 Fe、Co、Ni 等少数金属是铁磁性的。物质的磁性与其内部电子结构有关,反磁性金属的原子中电子都已成对,正、反自旋的电子数目相等,由电子自旋而产生的磁矩互相抵消,因此原子磁矩为零,故不为外磁场所吸引。顺磁性和铁磁性金属原子中,正反自旋的电子数目不等,原子的磁矩不为零。

金属中,组成永磁材料的主要元素是 Fe、Co、Ni 和某些稀土元素,目前使用的永磁合金有稀土-钴系、铁-铬-钴系和锰-铝-碳系合金等。我国生产的磁性材料钕铁硼合金,在国际上处于领先地位。磁性合金在新能源领域、电力、电子、计算机、自动控制和电光学等新兴技术领域中,有着日益广泛的应用。

⑤ 储氢材料 某些金属或合金(如 $LaNi_5$、Mg_2Cu、$TiFe$ 等),具有吸收氢气的能力,它们在适当的温度和压力下,可与氢反应生成金属氢化物,吸收并储存氢气;而在另一温度和压力下,金属氢化物又会分解并释放氢气。利用这一反应的可逆性,可用某些金属或合金来储存氢气。金属或合金(M)生成氢化物(MH_x)的反应通式可表示为

$$\frac{2}{x}M + H_2 \rightleftharpoons \frac{2}{x}MH_x \quad \Delta_r H_m^\ominus < 0$$

上述正反应(生成氢化物)是放热反应,氢化物放出氢气是吸热反应。利用储氢材料的这一特点,可制储藏能源的冷暖设备——化学热源泵,热损失小,并可由回收废热变成品质较高的热。缺点是由于吸、放氢气时材料会膨胀或收缩,多次使用后材料的脆性增加,影响其使用。

氢能源汽车的发展,将进一步刺激储氢材料的发展和应用。

4.4 无机非金属材料

无机非金属材料包括除金属材料、高分子材料以外的几乎所有材料,这些材料主要

有一般陶瓷、玻璃、耐火材料、水泥以及特种陶瓷等新型无机材料。一般无机非金属材料具有耐高温、高硬度和抗腐蚀等优良工程性能，其主要缺点是抗拉强度低、韧性差。

4.4.1 玻璃

广义上说，凡熔融体通过一定方式冷却，因黏度逐渐增加而具有固体性质和结构特征的非晶体物质，都称为玻璃。通常的玻璃是指硅酸盐玻璃，硅酸盐玻璃的主要成分是 SiO_2、Na_2O 和 CaO。将砂子（SiO_2）与碳酸钠、石灰石混合加热反应，后两者分解出 CO_2 而形成极黏稠的熔体，冷却固化时就得到玻璃。过程中通常还需加入一些辅助原料，包括有 a. 熔剂及澄清剂：起助熔、消泡的作用，如 $NaNO_3$、Na_2SO_4 等。b. 氧化剂及还原剂：消除其中的若干杂质。c. 着色剂及消色剂等：如加入 Co_2O_3 成蓝色、加入 CrO_3 成绿色、加入 Cu_2O 成红色等。

用相似的方法还可制得硼酸盐玻璃、磷酸盐玻璃等工业玻璃。它们都有很好的透明度、较好的机械强度、热导率小，并具有不同的颜色和光学效果，故在生产和生活中获得了广泛应用。减少硅酸盐玻璃中 Na_2O 的量而增加 B_2O_3（使含量为 13%～20%），即得质硬而耐热的硼硅酸玻璃，最高使用温度可达 1600℃以上，故又称硬质玻璃或耐热玻璃，是制造实验仪器、化工设备的重要材料。这类玻璃需用大量硼砂（$Na_2B_4O_7$），成本较高。我国以 Al_2O_3 代 B_2O_3，成功地制成了低碱无硼玻璃，其价格低廉、耐蚀性能和强度与硼硅酸盐玻璃较近，是较理想的代用材料。

在玻璃中，加 Li_2O 为催化剂或成核剂，用紫外线照射或在一定温度范围内加热处理，内部可形成 Li_2O、SiO_2 的微晶，得到微晶玻璃。这种玻璃强度比一般玻璃大 6 倍，比高碳钢硬、比铝轻，有很高的热稳定性，加热到 900℃，骤然投入冷水中也不会炸裂。在工业上，广泛应用于电子、航空航天、原子能和化工生产中。普通玻璃经加热到近 700℃，然后进行快速均匀冷却，得到"钢化玻璃"，能显著提高其抗冲强度和抗弯强度，这种玻璃即使破碎，碎块也不成尖锐角，不易伤人，故又称"安全玻璃"。如用纯净石英为原料，熔化后急冷，即得石英玻璃。它的热膨胀系数极小，热稳定性高，耐热性好，长期使用温度为 1100～1200℃，又有极好的耐蚀性，是制造实验仪器和特殊设备的重要材料。

总之，玻璃的组成可连续改变，为发展不同性能和用途的新品种，提供了有利条件。近年来，半导体玻璃、激光玻璃、电光玻璃等一系列新玻璃品种相继问世，成为新型无机材料中的重要成员。

4.4.2 水泥

水泥是一种水硬性胶凝材料，加入适量水后成为塑性浆体，可将砂、石、纤维等材料黏结起来，硬化成为有较高强度的整体。水泥的出现，是人类建筑材料发展中的划时代标志。水泥的品种极多，通常是指硅酸盐水泥。硅酸盐水泥，是用黏土和石灰石（有时需加少量氧化铁粉）作为原料，经煅烧成熟料。将熟料磨细，再加一定量的石膏而成，其中主要成分是 CaO（约占总重量的 62%～67%）、SiO_2（20%～24%），Al_2O_3（4%～7%），Fe_2O_3（2%～5%）等。

根据我国的标准，将水泥按规定方法制成试样，在一定的温度、湿度下，经28d后所达到的抗压强度（kgf/cm^2）数值，表示为水泥的标号数。水泥的凝结硬化是很复杂的物理化学过程，大致可分为三个阶段。溶解期：加水后，水泥颗粒与水反应、溶解、水化生成硅酸盐、铝酸盐的水化物及$Ca(OH)_2$等。胶化期：水化产物在水中溶解达到饱和后，逐渐形成胶凝体，水泥凝结但还不具有强度。结晶期：凝胶体脱水，氢氧化钙及水化铝酸钙等析出针状晶体伸入硅酸钙凝胶体内，水泥硬化而具有强度。

除硅酸盐水泥外，还有耐热性好的矾土水泥（以铝矾土 $Al_2O_3 \cdot nH_2O$ 和石灰石为原料）、快凝快硬的"双快水泥"、防裂防渗的低温水泥、能耐1250℃高温的耐火水泥，以及用于化工生产和特殊场合的耐酸水泥等。

4.4.3 陶瓷

(1) 普通陶瓷 一般说的陶瓷，是指以黏土为主要原料调制成型，经高温煅烧而制得的硬而强、耐水、性脆的人工硅酸盐材料。陶瓷是人类最早使用的合成材料，我国是最早发明陶瓷的国家，为人类文明做出了难以估量的贡献。陶瓷的主要原料，是硅酸盐、黏土。

传统陶瓷的种类很多，根据原料、烧制温度等不同，主要分为土器、陶器和瓷器等。例如，常见的砖瓦属于土器，它是用含杂质的黏土在适当温度下烧制而成；用纯净的黏土作原料，在较高的温度下烧制，可得比陶器胚体白净、质地细密的瓷器；若在烧制前的坯体上涂上彩釉（含多种金属离子），可制成表面光滑、色彩绚丽的陶瓷制品。

(2) 精细陶瓷材料 和传统的陶瓷相比，新型无机非金属材料具有下述特点：a. 材料的组成已远超出硅酸盐范围，扩大到经高温烧结制成的所有无机材料。b. 材料的制备突破了传统的工艺，采用了许多新技术，制取高纯、超细的原料，保持精确的化学组成、严格控制成型和烧结工艺，以获得精确尺寸、形状，确定的微观结构和所需优良性能的新材料。c. 制品的形态多样化，除传统的材料和烧结体外，还有单晶体、薄膜和纤维等多种形态。d. 在应用上，已由主要利用材料固有的静态物理性能发展到利用各种物理、化学效应和微观现象的功能性。具有这些特点的材料通称为"精细陶瓷"。精细陶瓷又称为"现代陶瓷"、"先进陶瓷"、"高性能陶瓷"等。精细陶瓷又可分为结构陶瓷和功能陶瓷两大类。结构陶瓷是具有一定的力学性能及部分热学和化学功能，具有高硬、高强、耐磨、耐蚀、耐高温和润滑性好等性能，可用作机械结构零部件的陶瓷材料，其中包括：氧化铝结构陶瓷、氧化锆结构陶瓷、氮化硅结构陶瓷、碳化硅结构陶瓷。功能陶瓷则是具声、光、热、电、磁特性和化学、生物功能的陶瓷材料，其中包括：压电陶瓷、光导纤维、固体电解质、磁性陶瓷、传感材料等。

氧化铝结构陶瓷：氧化铝，俗称刚玉，在自然界广泛存在。目前已知的晶型有6~7种，其中最稳定的是α-Al_2O_3。纯氧化铝为无色或白色晶体，烧结致密的Al_2O_3陶瓷硬度大、耐高温、抗氧化、耐急冷急热，使用温度可高达近2000℃，机械强度高，化学稳定性好，且有高绝缘性，因此用途极广，已用于制造内燃机上火花塞的绝缘材料、涡轮机的叶轮、耐高温的实验用坩埚等。氧化铝陶瓷是使用最早的结构陶瓷，用作机构部件、工具和刀具，在高温下其强度基本不变，还可剪、切磁性材料。在高纯Al_2O_3

中加入少量的 MgO、Y_2O_3，经特殊烧结可制成微晶氧化铝，透光性很强，用作高压钠灯灯管等高温透明部件。少量的 Cr_2O_3 和 Al_2O_3 形成的固溶体，称红宝石，是性能优良的固体激光材料。

氧化锆结构陶瓷：氧化锆 ZrO_2 是最有希望实际应用的高温结构陶瓷材料。它是以离子键为主要结合方式的陶瓷，最大的弱点是其脆性，这是制约其作为结构材料大量应用的主要障碍。以 ZrO_2 为主体的增韧陶瓷，克服了传统陶瓷的弱点，具有很高的强度和韧性，能承受铁锤的敲击，强度可与高强高合金钢媲美，故有"陶瓷钢"的美称。

氮化硅结构陶瓷：氮化硅 Si_3N_4 是灰白色固体，硬度为9，是最硬的材料之一。氮化硅本身具有润滑性、并且耐磨损，具有一定的韧性和可切削性，在加工中不易脆裂。除氢氟酸外，与其他无机酸不反应，抗腐蚀和抗氧化能力强。而且它的导热性好且膨胀系数小，可经受低温高温、经骤冷骤热反复上千次的变化而不破坏，因此是十分理想的高温结构材料。

工业上采用高纯硅与纯氮气在1300℃反应制得氮化硅，也可用化学气相沉淀法，使 $SiCl_4$ 和 N_2 在 H_2 的保护下反应，生成 Si_3N_4 和 HCl，此法得到的氮化硅纯度较高。反应式如下：

$$3Si + 2N_2 \longrightarrow Si_3N_4$$
$$3SiCl_4 + 2N_2 + 6H_2 \longrightarrow Si_3N_4 + 12HCl$$

氮化硅现已用来制造火箭、导弹的喷管喉口和端头，以及航天飞机的外蒙皮等。

碳化硅结构陶瓷：碳化硅 SiC，俗称金刚砂。$Si-C$ 为很强的共价键，故 SiC 属原子晶体，熔点高（2450℃），硬度大（9.2），是重要的工业磨料。如其中掺入某些杂质，会使之出现半导体，作为高温半导体，用于电热元件。碳化硅有很好的热稳定性和化学稳定性，热膨胀系数小，其高温强度是所有陶瓷材料中最好的，作为高温结构陶瓷日益受到人们的重视。现已用作火箭喷嘴、热电偶保护管、热交换器和耐磨、耐蚀的零件。

结构陶瓷材料可在远比金属材料高得多的使用温度下工作，因此，高温结构陶瓷材料最大的应用领域是喷气技术、磁流发电和宇航技术。如用陶瓷制成内燃机一类的热机，其热效率可提高到48%，而一般热机仅为30%，不但节省20%～30%的燃料，热机重量还可减轻1/3，前景诱人。目前一些发达国家的汽车公司试制了无冷式陶瓷发动机汽车，我国也在1990年装配了一辆并完成了试车，但因成本高，目前尚难大量应用。

压电陶瓷：某些晶体材料，当受外力作用时会产生形变，同时在对应的两个面上会出现正、负电荷。晶体带电的大小，与所受的机械力成正比。反之，如往晶体上加电场，则晶体在一定面上会产生相应的形变，这种现象，称压电效应，通过这一效应可实现机械能和电能间的相互转变。具有压电效应的陶瓷，称压电陶瓷。

与压电晶体相比，压电陶瓷加工容易、价格便宜和压电特性可控，是压电材料中产量最大、用途最广的一种。压电陶瓷在技术上有多方面的应用，它可制成各种换能器，广泛用于计量、加工、声呐、遥控和无损探伤等仪器装置。超声诊断仪可获得X射线所得不到的结果且对患者无害。受到外力冲击时，产生的电能可作高压发生器，压电陶瓷还可制作各种滤波器、压力传感和超声传感器等。

生物陶瓷：生物陶瓷是指用作特定的生物或生理功能的一类陶瓷材料，它是直接用于人体或与人体直接相关的生物、医用、生物化学等方面的陶瓷材料。主要包括羟基磷灰石、磷酸三钙、高密度氧化铝、生物活性玻璃等。

磁性陶瓷：磁性陶瓷按其导电性差异，可分为金属和铁氧体磁性材料（以氧化铁为主要组分的复合氧化物）两大类。磁性陶瓷都是半导体，又可分为软磁、硬磁等多种磁性不同的铁氧体材料。软磁铁氧体已广泛用于广播、通信和电视工业，是磁性天线、中周变压器、增感线圈等的重要材料，主要用作磁芯材料和录音、录像磁头。硬磁铁氧体是磁化后不易退磁而能长期保留磁性的铁氧体，是一种永磁材料。它主要有钡铁氧体和锶铁氧体，通式为 $MO \cdot 6Fe_2O_3$。与硬磁钢比较，铁氧体密度小、质轻、价格便宜，但性脆不易精加工。因此，铁氧体在永磁材料中占有相当的比重，而且还可用于微波、磁泡和磁记录技术中。

4.4.4 光导纤维

新型信息材料主要包括：能高度灵敏地获取信息的敏感元件材料、高速处理信息的半导体材料和高密度存储信息的记录材料。光导纤维（光纤）是重要的新型信息材料之一。

光纤是能高质量传导光的玻璃纤维，通常由超纯的 SiO_2 制成，直径大的大约 $150\mu m$，细的只有几十微米。几克 SiO_2 即可制成 1km 长的光通信用玻璃丝。光纤主要用于通信。其原理是：图像和声音等信号变为带有数字信息的电脉冲后，被转换成光的强弱信号；由激光器光源发出的光波携带所需传输的信号，以光纤为媒体传送给对方；对方通过光电转换装置将光波上携带的信息转换为电的数字信号，再转变为原来的图像和声音，实现了通信的功能。光纤通信有容量大、速度快、传输衰减少、抗干扰性能好、价格便宜等优点。

光导纤维广泛用于工业、交通、精密仪器制造、宇航、医学和通信事业。利用光纤还可制成各种传感器，用以检测温度、压力、磁场、电流、速度等。近来出现的光纤化学传感器，可实现连续、自动、遥测检测痕量物质，其响应速度快、成本低，是很有效的新分析技术。

4.4.5 传感材料

许多精细陶瓷材料对于声、光、热、电、磁、力以及各种气氛显示出优良的敏感特性，当上述外界条件变化时，都会引起这类材料自身某些性质的改变。测量这些性质的变化，就可以"感知"外界的变化，因此这类材料被称为敏感材料。由于外界条件变化常能引起敏感材料电性能（如电阻）的改变，据此可将温度、压力、湿度、光波、热量、振动、气氛等外界信息统统转变为敏感材料发出的电信号，再通过电子线路进行放大处理，其结果最后用仪表指示，或用荧光屏显示，或直接输入计算机进行控制。这就是传感器的工作原理，故敏感材料也被称为敏感传感材料，其类型极多。传感材料主要包括：a. 温度传感材料：这类陶瓷材料的电阻或介电、半导等电性能随温度而变化。b. 湿度传感材料：作为湿度传感的陶瓷，具有特定的孔隙度、表面积很大、吸附力强，可以吸附、吸收或凝结水蒸气而引起电阻变化，以此传感湿度。c. 气体传感材料：某些半导体陶瓷材料表面吸附气体分子后，其电导率将随材料的类型和气体分子种类而变化，利用这一现象，就可得到对不同气体敏感的气体传感器。此类材料可用于控制锅炉燃烧、大气污染监测、汽车尾气检测等，以节约燃料，减少污染。d. 压力和振动传感材料：利用陶瓷的压电效应，可制成压力或振动传感器（即"人工耳"），用以探测超声、次声或极微弱的声音。例如，可以"听"到 2～3kg 粮食中一只害虫爬动的声音。目前用作压力传感材料的主要有 $BaTiO_3$、$PbTiO_3$-$PbZrO_4$ 和铌酸盐三大类。

4.5 高分子材料

4.5.1 高分子的定义、基本概念及分类

(1) **高分子的定义和基本概念** 我们的生活已经离不开高分子材料，无论是作为食物的蛋白质、还是作为织物的棉、毛和蚕丝，还是与我们生活息息相关的塑料、橡胶等无不都是高分子物质。

高分子化学是研究高分子化合物（简称高分子）合成和反应以及聚合物的性能的一门科学，常用的高分子的相对分子质量高达 10^4～10^6，一个大分子往往由许多相同的、简单的结构单元通过共价键重复连接而成。因此，高分子又叫聚合物。例如聚氯乙烯分子由许多氯乙烯结构单元重复连接而成：

$$\sim\sim CH_2CHCH_2CHCH_2CH\sim\sim$$
$$\quad\quad\ \ |\quad\ \ \ |\quad\ \ \ |$$
$$\quad\quad Cl\quad Cl\quad Cl$$

上式中的符号～代表碳链骨架，为方便起见，可以简写成：

$$-\!\!\!-\!\!\![CH_2CH]\!\!\!-\!\!\!-_n$$
$$\quad\quad\ \ \ |$$
$$\quad\quad\ Cl$$

上式是聚氯乙烯的结构式，端基只占大分子中很少的一部分，略去不计。方括号内是聚氯乙烯的结构单元，也是其重复结构单元（又简称重复单元）。很多重复单元连接成线型大分子，类似一条链子，因此重复单元又可称为链节。n 代表重复单元数，又称为聚合度 (D_P)，聚合度是衡量高分子大小的一个指标。对于均聚物，聚合物的相对分子质量 M 是重复单元的相对分子质量 (M_0) 与聚合度 (D_P) 或重复单元数 n 的乘积：

$$M = D_P M_0$$

能够聚合成高分子的小分子化合物称为单体。由一种单体聚合（均聚）而成的聚合物称为均聚物，如 PVC；由两种或两种以上的单体聚合（共聚）而成的聚合物称为共聚物，如 ABS 树脂。共聚物中的重复单元包含有两种或两种以上的结构单元。如尼龙-66 的结构式为

$$-\!\!\!-\!\!\![NH(CH_2)_6NH-CO(CH_2)_4CO]\!\!\!-\!\!\!-_n$$

上式中，—$NH(CH_2)_6NH$—和—$CO(CH_2)_4CO$—均为结构单元，中括号内为重复单元，显然共聚物中的结构单元不一定等于重复单元，重复单元由结构单元组成。

聚合物可按高分子的主链结构、应用功能、高分子的形状和高分子性质分类。

① 按高分子的主链结构分　碳链高分子，主链完全由碳原子组成，如 PE。

$$-[CH_2-CH_2]_n-$$

杂链高分子，主链除碳原子外，还含有氧、氮、硫等原子，如尼龙66。

$$-[NH(CH_2)_6NH-CO(CH_2)_4CO]_n-$$

元素有机高分子，主链上没有碳原子，如硅橡胶。

$$-\left[\begin{array}{c}CH_3\\|\\Si-O\\|\\CH_3\end{array}\right]_n-$$

无机高分子，完全没有碳原子，如聚二硫化硅。

$$-[Si<^S_S]_n-$$

② 按应用功能分　通用高分子、特种高分子、功能高分子、仿生高分子、医用高分子材料、高分子药物、高分子试剂、磁性高分子、高分子液晶材料、高分子催化剂等。

③ 按高分子的形状分　线型高分子、支（链）型高分子和网状（体型）高分子。

高分子是由很大数目的结构单元组成的，每一个结构单元相当于一个小分子。它可以是一种均聚物，也可以是几种共聚物，结构单元以共价键联结而成，形成线型分子、支化分子、网状分子。

线型或支链型大分子彼此以物理力聚集在一起，加热可以熔化，并能溶于适当的溶剂中。支链型大分子不易堆砌紧密，难结晶或结晶度低。所谓热塑性是指加热时可以塑化、冷却时则固化成型，能如此反复进行的受热行为。

网状分子或称交联聚合物，交联程度浅的网状结构，受热时可以软化，但不熔融，适当的溶剂可使其溶胀，但不溶解。交联程度深的体型结构，加热时不软化（热固性），也不易被溶剂所溶胀。

④ 按高分子性质分　可分为塑料、橡胶、纤维三大类。塑料又分为热塑性塑料和热固性塑料。

橡胶：具有高弹性，在很小的作用力下，能产生很大的形变，外力去除后，能恢复原状，要求完全无定形。

纤维：与橡胶相反，不易变形，伸长率小，模量和抗张强度都很高，要有高的结晶能力。

塑料：其机械行为介于上述两者之间，软塑料接近橡胶，硬塑料接近纤维。按使用特性，塑料又分为通用塑料、工程塑料和特种塑料等。

（2）聚合反应的分类　由低分子单体合成聚合物的反应称为聚合反应。聚合反应有许多类型，可以从不同的角度进行分类。

按单体和聚合物的化学组成变化分为加聚反应和缩聚反应两大类。

单体加成而聚合起来的反应称为加聚反应，例如聚氯乙烯是由氯乙烯加聚而成的。加聚反应的产物称为加聚物。加聚物的元素组成与单体相同，仅仅是电子结构有所改变。加聚物的相对分子质量是单体相对分子质量的整数倍。

另一类反应就是缩聚反应,其主产物称为缩聚物,同时生成水、醇、氨或氯化氢等低分子副产物。

按聚合机理或动力学,可以分成连锁聚合和逐步聚合反应两大类。

烯类单体的加聚反应大部分属于连锁聚合反应,连锁聚合需要活性中心,活性中心可以是自由基、阳离子或阴离子,相应称为自由基聚合、阳离子聚合和阴离子聚合。连锁聚合由链引发、链增长、链终止等几步基元反应组成。各步的反应速率和活化能差别很大。链引发是活性中心的形成。单体只能与活性中心反应而使链增长,但彼此间不能反应。活性中心一经形成,立即增长成为高分子链。自由基聚合在不同转化率下分离得聚合物的平均相对分子质量差别不大,体系中始终由单体、高相对分子质量聚合物和微量引发剂组成,没有相对分子质量递增的中间产物。聚合物的数量和单体的转化率随聚合时间而增加。对于有些阴离子聚合,则是快引发,慢增长,无终止,即所谓活性聚合,相对分子质量随转化率呈线性增加。如图4-7、图4-8所示。

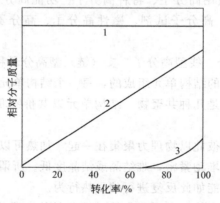

图 4-7 相对分子质量与转化率的关系
1—自由基聚合;2—阴离子活性聚合;3—缩聚反应

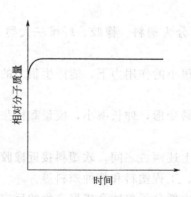

图 4-8 自由基聚合过程中,
相对分子质量与时间的关系

绝大多数缩聚反应和合成聚氨酯的反应都属于逐步聚合反应。其特征是在低分子转变成高分子的过程中,反应是逐步进行的。反应初期,大部分单体很快聚合成二聚体、三聚体、四聚体等低聚物,短期内单体的转化率很高。随后,低聚物间继续反应,相对分子质量缓慢增加,直至转化率很高(>98%)时,相对分子质量才达到较高的数值,如图 4-7 中曲线 3 所示。在逐步聚合全过程,体系由单体和相对分子质量递增的一系列中间产物所组成,中间产物的任何两分子间都能反应。

(3) 聚合物的相对分子质量、相对分子质量分布　聚合物强度随相对分子质量的变化示意见图 4-9。A 点是初具强度的最低相对分子质量,约以千计。但非极性和极性聚合物的最低聚合度有所不同。A 点以上的强度随相对分子质量的加大而迅速增加,到临界点 B 以后强度的增加逐渐减慢,到达 C 点,强度不再明显增加。

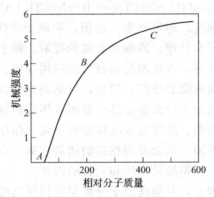

图 4-9　聚合物机械强度与
相对分子质量的关系

一方面,聚合物的加工性能与相对分子质量有关。相对分子质量过大,聚合物熔体黏度过高,加工较困难。因此,合成聚合物时要选择合适的工艺条件,使相对分子质量达到一定的值,既保证足够的强度,又不必追求过高的相对分子质量。

另一方面,聚合物是相对分子质量不等的同系物的混合物,因此聚合物的相对分子质量或聚合度是一平均值,存在着相对分子质量的分布问题。相对分子质量的分布也是影响聚合物性能的重要因素之一,低相对分子质量部分将使聚合物强度降低,相对分子质量过高的部分又使成型加工时塑化困难。显然,不同聚合物材料应有其合适的相对分子质量分布。

4.5.2　功能高分子材料

功能高分子材料是指具有特殊力学、热学、光学、电磁、化学和生物功能的新型高聚物。由于生产、科研和人民生活的需要,这一大类发展极快,品种繁多,本书只能择要介绍。

(1) 离子交换树脂　离子交换树脂是在具有立体交联结构的高分子基体上,接有能进行离子交换的官能团的物质的总称,它在电解质溶液中能与带相同电荷的离子进行交换反应。被交换出的 H^+ 和 OH^-,再经过阴床和阳床以及阴、阳树脂交替排列的混合床,结合生成纯度很高的水。阳离子交换树脂:这类树脂中具有活性的酸性官能团,如磺酸基—SO_3H、羧基—$COOH$ 等,其中 H^+ 是交换离子,可与溶液中的阳离子相交换,其中应用最广的是聚苯乙烯磺酸型树脂。褐煤磺化制成磺化煤,也能起阳离子交换作用。通常装在阳离子交换床(简称阳床)中。阴离子交换树脂:这类树脂含有活性的碱性基团,如—NH_2、—NHR、—NR_2 和季铵碱—$N^+R_3OH^-$ 等,能交换阴离子,一般装入阴离子交换床(简称阴床)中。如以 R 表示树脂母体,可以 NaCl 溶液的离子交换过程为例,表示如下。当阳离子交换树脂与 NaCl 溶液相遇时,发生下列交换反应:

$$R-SO_3H + NaCl \rightleftharpoons R-SO_3Na + HCl$$

该反应是可逆的,交换后的树脂如用盐酸淋洗,又可再生。NaCl 溶液和阴离子交换树脂的交换反应式可写为

$$R-N(CH_3)_3OH + NaCl \rightleftharpoons R-N(CH_3)_3Cl + NaOH$$

交换后的树脂用氢氧化钠淋洗,即可再生。经阳、阴离子交换,溶液中的 NaCl 即被除去。离子交换树脂广泛用于水处理、铀和贵金属的提取、稀土元素的分离,医药、食品工业中化合物的分离和提纯等。水处理是其最大的应用领域。难于用一般化学方法分离的稀土元素,通过离子交换树脂的分离、提纯,可达到光谱级的纯度要求。

(2) 高分子分离膜　高分子分离膜是具有分离流体混合物功能的薄膜。膜分离过程用分离膜作间隔层,在压力差、浓度差或电位差的推动力作用下,借流体混合物中各组分溶解、透过膜的速率的不同,从而分别在膜的两侧富集,达到分离的目的,具有操作简便、节能、高效的特点。但膜易受杂质和颗粒的破坏。

如在氯乙烯尾气的处理上,采用高分子分离膜进行尾气的分离。气体首先溶解在膜的表面,然后沿着其在膜内的浓度梯度扩散传递,有机蒸气分离膜具有溶解选择性控制功能。相对分子质量大、沸点高的组分(如氯乙烯、丙烯、丁烷等)在膜内的溶解度大,容易透过膜,在膜的渗透侧富集,而相对分子质量小、沸点低的组分(如氢气、氮气、甲烷等)在膜内的溶解度小,不容易透过膜,在膜的截留侧富集。从而实现氯乙烯与惰性气体的分离,膜分离氯乙烯一次回收率达 98% 以上,乙炔回收率达 97% 以上。

(3) 超力学高分子材料　PBO 是聚对苯亚基苯并双噁唑纤维的简称,被誉为 21 世纪超级纤维,具有十分优良的物理机械性能和化学性能,其强度是钢丝的 10 倍以上,一根直径 1mm 的 PBO 细丝可吊起 450kg 质量的物体。PBO 的结构简式为

(4) 光功能高分子材料　光功能高分子材料是指能够对光进行透射、吸收、储存、转换的一类高分子材料。主要包括光导纤维、光记录材料、光加工材料、光学用塑料、光转换系统材料等。

例如信息储存元件光盘的基本材料就是高性能的有机玻璃和聚碳酸酯。

目前,光纤材料已从无机玻璃、石英和氟化物等扩展到高聚物,出现了各种塑料光纤。塑料光纤是利用透明高聚物的光曲线传播特性,开发出的非线性光学元件。光纤先用柔韧的有机硅树脂包覆,再用硬质高聚物(如尼龙等)第二次包覆,避免光纤损伤,以供实用。在透明塑料中,只有在拉伸时,不产生双折射和偏光的材料,才适合于制造光纤。最早使用的是聚甲基丙烯酸甲酯(有机玻璃)和聚苯乙烯。以后又先后开发了聚碳酸酯-甲基丙烯酸酯共聚物和含氟树脂等高度透光的高聚物,而皮层为光折射率很低、

热膨胀与芯料相同或相近的有机高聚物。经高度纯化的有机玻璃制作的光导纤维每千米光的传输损耗已接近于石英光纤的性能,为其用于长距离通信创造了条件。尽管目前塑料光纤的光导性比无机光纤材料差,但塑料光纤质轻而柔软,抗曲挠、抗冲击性强。且易加工,能制成大直径的光纤并可用单根纤维的形式直接传送信号;相对密度仅为无机光纤的 1/2.5,价格可比石英光纤降低 90%,因此是极有发展前景的光纤材料。当前塑料光纤的研制方向是努力降低其光损耗,不断扩大其应用范围。

(5) 生物医用高分子材料 生物医用高分子材料是生物医学材料中发展最早、应用最广泛、用量最大的材料,也是一个正在迅速发展的材料。它既可以来源于天然产物,又可以人工合成。此类材料除应满足一般的物理、化学性能要求外,还必须具有足够好的生物相容性。按照不同的性质,医用高分子材料可分为非降解型和可降解型两类。具有生物特性的新型陶瓷见图 4-10。

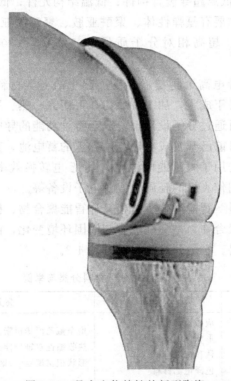

图 4-10 具有生物特性的新型陶瓷

非降解型高分子主要包括聚乙烯、聚丙烯、聚丙烯酸酯、芳香聚酯、聚硅氧烷、聚甲醛等。

可降解型高分子主要包括胶原、线型脂肪族聚酯、甲壳素、纤维素、氨基酸、聚乳酸、聚乙醇酸、聚己内酯等。根据使用的目的或用途,医用高分子材料还可分为心血管系统、软组织及硬组织等修复材料。

(6) 耐高温高分子材料 耐高温高分子材料通常是指在 250~300℃可以长期使用的高分子材料,一般其分子链中含有杂环芳香族链节或含有无间隔醚酮的芳香族链节。该类材料已成为我国和世界各国关键技术研究内容之一。

耐高温高分子材料可以根据其结构和用途进行分类，见表 4-1。

表 4-1　耐高温高分子材料分类与举例

名称	代表材料	适用温度范围	应用举例
有机-无机杂化聚合物	有机硅树脂(聚硅氧烷)	500～1400℃	火箭、飞机、舰船表面耐高温防护
有机氟聚合物	有机氟塑料	260～290℃	电子行业、宇航业电缆绝缘层、轴封
耐高温金属聚合物	二茂铁乙烯基聚合物	400℃左右	宇航、深潜用胶黏剂
高温工业聚合物及工程塑料	聚醚醚酮树脂	240～260℃	家电插件、手机零部件
液晶聚合物	芳纶树脂(聚对苯二酰)	280～320℃	飞机尾翼、降落伞绳索

(7) 耐低温高分子材料　耐低温高分子材料主要用于低温容器（如航天运载器液氢、液氧、液氦容器）；低温超导装置构件；低温结构元件；低温风洞、轮、叶等方面。

耐低温高分子材料主要有氟弹性体、聚酰亚胺、聚醚酰亚胺、聚醚砜、聚醚醚酮、氰酸酯树脂、聚苯硫醚、超高相对分子质量（$35 \times 10^4 \sim 800 \times 10^4$）聚乙烯（可在 $-269℃$ 下使用）等。

(8) 导电高聚物　导电高聚物是近年发展起来的一类材料。它比金属导体轻，对光、电具有各向异性，易于成膜，加工方便；并可用光、热、压力等条件的改变，调节导电体的物理性能；还可通过分子设计，合成有特种功能的导电材料等。导电型高聚物的应用前景十分广阔，目前已开发成功聚乙炔和锂的蓄电池，其理论能量密度约为现用的铅蓄电池的两倍；将它用于太阳能电池中，其光-电转换效率与非晶硅太阳能电池相当。此外，聚乙炔还可制作飞机的轻质电线及电子设备等。

(9) 智能高分子材料　智能高分子材料又称智能聚合物、机敏性聚合物、刺激响应型聚合物、环境敏感型聚合物，是一种能感知周围环境变化，而且能针对环境的变化采取响应对策的高分子材料。它的分类与举例见表 4-2。

表 4-2　智能高分子材料分类与举例

类别	应用	高分子化合物举例
记忆功能高分子材料	应力记忆材料 形状记忆材料 体积记忆材料 色泽记忆材料	聚全氟乙丙烯树脂、 热收缩性双轴拉伸共聚酯膜、 形状记忆聚氨酯、聚降冰片烯、聚苯乙烯
高能高分子凝胶	溶胀及体积相变化 刺激响应 化学机械系统 人工肌肉	聚（N-异丙基丙烯酰胺）
智能高分子膜	选择透过膜材 传感膜材 仿生膜材 人工肺	聚甲基丙烯酸/聚乙二醇共混物 聚乙烯醇/聚丙烯酸共混物
智能织物	防水透湿织物 调温织物 仿生织物	聚乙二醇与各种纤维 (如棉、聚酯或聚酰胺聚氨酯)共混物

续表

类别	应用	高分子化合物举例
智能药物释放系统	人体内药物释放系统	脂肪族聚酯类生物降解高分子
智能高分子复合材料	高分子基复合材料 减震吸噪建筑材料 压电材料 智能结构材料	

4.6 复合材料

由两种或两种以上性质不同的物质或材料组合在一起制成的新材料，统称为复合材料。复合材料有很大的优越性，主要表现为 a. 它改善或克服了组成材料的弱点，可充分发挥各组分的优点；b. 它可按照构件的结构和受力要求，进行材料的最佳设计；c. 它创造了单一材料不易具备的性质或功能，或同时可发挥多种功能。因此，复合材料已广泛用于国防尖端技术、工农业生产和生活用品中。复合材料有两大组分：一是基体材料，起黏结剂的作用；二是增强材料，以不同的形式分散于基体材料中，起增加强度（或韧性）的作用。这两大组分均可以是金属、陶瓷或高聚物中的任意两种或多种组分，增强材料可以以颗粒、纤维、晶须和板状薄片材料等形式，与基体材料通过缠绕、压制、沉积、喷涂等工艺制成各种可供使用的复合材料。因此复合材料的范围十分广阔。

为获得最佳的复合效果，基体和增强材料必须具备一些基本要求：a. 增强材料应有最高的强度和刚度；b. 基体材料与增强材料分子间应容易形成新的键合，具有一定的塑性和韧性；c. 基体材料与增强材料间应有高而适度的结合强度，热膨胀性能相协调；d. 增强材料有合理的含量、尺寸和分布。

(1) 颗粒增强复合材料　这类材料是由基材和均匀分布于其中的一种或几种金属或非金属颗粒组成的，颗粒增强复合材料在新材料中占有重要地位。分散的颗粒可起改善基材特性和增强整体的作用。颗粒增强复合材料中，基体主要承受载荷，而增强粒子会阻碍基体塑性变形（金属基体）或分子链运动（高聚物基体）。一般来说，颗粒所占的体积分数大于 20% 的材料称为颗粒增强复合材料，含量较少时，则称弥散强化材料。粒子直径一般在 $0.01\sim0.1\mu m$ 范围时增强效果最好；粒径过大（$>0.1\mu m$），容易引起应力集中而使强度降低；粒径过小（$<0.01\mu m$），则近于固溶体结构，不起颗粒增强作用。其中应用较多的是颗粒增强有机高聚物：将各种物质颗粒以填料的形式加到塑料（树脂）、橡胶中而使后者改性、增强。如常用轻质 $CaCO_3$、SiO_2、TiO_2 和滑石粉等与塑料组成复合材料，或用炭黑、ZnO 等与橡胶组成复合材料，可使塑料、橡胶强度大为提高。在橡胶中加入炭黑进行强化，可增加耐磨性。在热固性树脂中，加入金属粉末，可增加其导热、导电性，降低热膨胀系数，减少磨损，增加磁性等。

(2) 金属陶瓷　以金属颗粒分散于陶瓷基体形成的复合材料称为金属陶瓷。金属陶瓷兼有金属的韧性和抗弯性、陶瓷的高硬度、耐高温和抗氧化等特点。金属陶瓷中常用的金属有 Co、Ni、Fe、Cr、Mo、Ti 等，常用的陶瓷原料有氧化物（如 Al_2O_3、ZrO_2、ThO_2、BeO 等）、碳化物（如 TiC、ZrC、Cr_3C_2、B_4C、SiC 等）、硼化物（如 TiB_2、ZrB_2 等）、氮化物（如 TiN、TaN 和 Si_3N_4）和硅化物（如 $TiSi_2$、$MoSi_2$）等高熔点、高硬度的化合物。金属陶瓷的制备方法与普通陶瓷相似。一般将原料制成极细的粉末，经加压成型或高温烧结成型。由于金属陶瓷具有机械强度高、耐磨和抗蚀性优越的优点，广泛应用于汽轮机叶片、切削刀具、火箭喷嘴、轴承和高温无润滑件等重要零部件。

(3) 纤维增强复合材料　这类材料中以纤维状的材料作为填料，起增强作用。主要有以下几类。

① 纤维增强塑料（Fiber Reinforced Plastics，FRP）　20 世纪 40 年代初，出现了以合成树脂为黏结剂，以玻璃纤维（或其加工品，如玻璃布等）为增强剂的玻璃纤维增强塑料。热塑性与热固性树脂都可作黏结剂，热塑性和热固性树脂与玻璃纤维的复合材料通称玻璃钢，这是工程上的第一代复合材料。玻璃钢质轻、强度高，且耐蚀、耐辐射，容易加工成型，成本较低，因此，在汽车、轮船、飞机、石油化工、体育器材和生活用具等方面得到了广泛的应用。但玻璃钢弹性模量小，只有钢的 1/10，于是 60 年代后出现了高强度、高模量的以碳纤维、碳化硅纤维以及芳纶纤维为增强剂的第二代复合材料。碳纤维重量轻、强度高、刚性好、耐腐蚀，且可与树脂、金属、陶瓷等复合，因此碳纤维复合材料已成为工业上和尖端技术中必不可少的材料。碳化硅纤维比碳纤维具有更好的耐高温性和化学惰性，SiC 纤维增强树脂复合材料的抗压强度是碳纤维增强复合材料的 2 倍。芳纶纤维的强度比前几种纤维都高，是钢丝的 5 倍，其绝缘性、化学稳定性都很好，其复合材料已用于飞机、船舶制造领域和兵器工业中。热固性树脂特别适于用作基体材料，它们与其他组成物的各种纤维都极易黏合，这类树脂包括酚醛、环氧、聚酯和有机硅树脂等高聚物。

② 纤维增强金属（FRM）　树脂基的复合材料也存在一些无法克服的弱点，例如，不能在高温下工作，耐磨性不高，尺寸不够稳定，使用期间逐渐老化等。金属基复合材料则不存在这些问题，纤维增强材料可最有效地增强金属基体，同时具有优良的耐热性。例如用 Al_2O_3 晶须增强银，即使在银的熔点温度下也不会降低强度。作为结构材料用的纤维增强金属，最早开发的是硼纤维-铝。后来开发了 SiC 纤维、Al_2O_3 纤维增强材料，金属基材则从铝及铝合金，扩展到 Ni、Ti 和 V 等。纤维与基体材料的相容性，是极重要的问题。在金属基的复合材料中，要充分考虑两种材料不同的膨胀系数、相互润湿与黏合能、表面能等一系列复杂因素。

③ 纤维增强陶瓷（FRC）　以陶瓷材料为基体、碳纤维、硼纤维以及 SiC、Al_2O_3 纤维为增强材料的纤维增强陶瓷材料的比强度高、模量高，具有无可比拟的耐高温、耐磨耐蚀性能。航天飞机外壳上的绝热瓦，就是用纤维增强陶瓷材料制造的。纤维增强陶瓷，也是改善陶瓷脆性的一个有效方法。这是因为这类材料受力时，其裂纹扩展到纤维时会受阻碍；纤维断裂要消耗能量；断裂的纤维要拔出时也要吸收能量。这些都会大大减弱外力的作用而防止整体材料的断裂。如碳纤维补强石英复合材料，其韧性可比纯石英材料提高 3 个数量级；SiC 纤维增强氧化锆陶瓷，其断裂韧性可比氧化锆陶瓷提高 4 倍以上，可望进入实用阶段。随着科学技术的发展，各类复合材料必将会有更深入的研

究、获得更广阔的发展和应用。

思考题

1. 金刚石与石墨性质完全不同，主要原因是什么？
2. 什么是金属材料？它分为哪些类型？
3. 举例说明高分子材料的应用及重要性，体会化学与材料的关系。
4. 通常讲的稀土元素包括哪些元素？
5. 不锈钢能耐浓盐酸腐蚀吗？
6. 光纤可用什么物质制成？是否含铜？
7. 氯乙烯聚合制 PVC 的反应，是加聚还是缩聚？均聚还是共聚？
8. 橡胶中加入炭黑的主要目的是什么？
9. 什么是复合材料？复合材料由哪几部分组成？各起什么作用？
10. 查阅资料，说说我国对发展新材料的措施有哪些？
11. 学了化学与材料这部分内容之后，谈谈学好化学的重要性。

Chapter 05

第 5 章
化学与食品

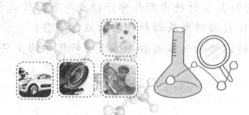

5.1 六大营养素

5.2 各类食物

5.3 食品添加剂

5.4 食品安全

"民以食为天",人类的生存和发展离不开食品。食品就其本身的含义来说,是指可食的、含有易消化的营养素(人类生活所必需的糖类、脂质、蛋白质、无机盐、维生素等)的物质。在与食品有关的问题中,我们最为关注的是食品的营养、卫生、安全和味道。这些问题无不与化学息息相关。食品研究的历史就是以食品化学为主而发展起来的,从化学本身的发展角度看,完全可以把食品化学作为化学的一个重要分支。

5.1 六大营养素

水、无机盐、脂类、蛋白质、糖类和维生素统称为人类的六大营养素。下面我们逐一进行介绍。

5.1.1 水

水是人体中最重要的营养物质,水是"生命之源"。

成人的体液约为体重的60%多。水在人体中的作用主要有:运输养料和排泄废料、促进食物消化、调节体温、保持电解质平衡等。

作为食品的许多动植物一般含有60%~90%水,有的甚至更高。人们除了从食物中获取水以外,成人每天还要有意识地补充2L左右的水,以维持正常的生理功能。

那么怎样喝水才是健康的呢?

不要等到口渴才喝水,口渴时表示身体内已经缺水了;尽量不要喝隔夜水或茶,因为水烧开后放置的时间越长,其中的亚硝酸盐浓度越高;不要长期喝矿泉水,因为这样可能会导致某些无机盐离子在身体内沉积等。

5.1.2 无机盐

人体内元素除C、H、O、N(以有机物和水存在,占人体重量的96%)外的其余各种元素统称为无机盐或称矿物质,矿物质虽仅占人体重量的4%,需要量也不像蛋白质、脂类、糖类化合物那样多,但它们是构成人体组织和维持正常生理活动所不可缺少的物质。由于人类生命与自然环境之间的物质交换和能量转换都是通过化学元素来实现。人体组织中存在81种元素,几乎包含自然界存在的各种元素,英国地球化学家汉密尔顿发现,人体中除碳、氢、氧外,其他所含元素的丰度曲线跟地壳中相应元素丰度曲线竟很相像。

从营养的角度出发,一般把无机盐分为必需元素、非必需元素和有毒元素。必需元素是指在正常机体组织中存在,而且含量比较固定的元素。缺乏必需元素时会发生组织上和生理上的异常,当补充这种元素后,即可恢复正常或可防止异常情况的出现。必须指出,所有必需元素当摄取过量时也会有害。已肯定有21种元素是人体所必需的。一般将含量占人体重量0.01%以上的元素称为常量元素,包括Ca、Mg、Na、K、P、S、Cl共7种(共约占人体重量的3.6%)。含量占人体重量0.01%以下的元素称为微量元素(共约占人体重量的0.4%),其中有14种目前已被公认为必需微量元素,即V、

Cr、Mn、Fe、Co、Ni、Cu、Zn、Mo、F、Si、Sn、Se、I。

无机盐的生理功能：在生物元素中，除 C、H、O、N 参与构成各种有机物和水外，其余矿物质元素各具有一定的化学形态和生理功能。这些形态包括它们的游离水合离子，与生物大分子（如蛋白质和酶）或小分子配体形成的配合物，以及构成某一器官或组织的难溶化合物等。这些元素的生理功能，主要表现在以下几个方面。

① 构成人体组织的重要材料 如 Ca、Mg、P 是骨骼和牙齿的重要成分，P、S 是构成组织蛋白的成分，Fe 是血红蛋白和细胞色素的重要成分，胰岛素中含有 Zn 等。

② 调节多种生理功能 如维持组织细胞的渗透压，调节体液的酸碱平衡，维持肌肉神经的兴奋性和心脏的节律性等。

③ 组成金属酶或作为酶的激活剂 现已鉴定出 3000 种以上的酶，约有 1/3 的酶在它们本身结构中含有金属离子或者虽本身不含金属但必须有金属离子存在才具有活性，前者称为金属酶，后者称为金属激活酶。例如，生物体中重要代谢物的合成与降解都需要锌酶的参与，近年还发现锌酶可以控制生物遗传物质的复制、转录与翻译。

④ 运载和"信使"作用 如含 Fe^{2+} 的血红蛋白对 O_2 和 CO_2 起运载作用，Ca^{2+} 能激活多种酶，起到传递生命信息的"信使"作用。

人体内的矿物质主要来自作为食物的动植物组织，其次来自饮水、食盐和食品添加剂等。由于植物体的矿物质平均含量约为 5%，叶部含量较高，约为叶片质量的 10%～15%，所以蔬菜是人类获得矿物质营养元素的重要来源。

(1) 人体宏量金属元素 生命起源于海洋。在生物的进化中，有的生物脱离了广阔的海洋，向陆地迁移。这些生物在迁移的过程中，在它们的体内带上了个"小海洋"。昔日的海水相当于今天的细胞外液，细胞依然浸泡于"海水"之中。"海水"中富集的金属元素钠、钾、钙、镁，自然也富集于人类的机体之中，它们的存在形式是无机盐。

① 钠（Na） 正常人体内钠的总量一般为 40～50mmol/kg，其中 44% 在细胞外液，9% 在细胞内液，47% 存在于骨骼之中。正常成人每日摄入钠 100～200mmol。

体内钠过低或过高均会表现出病症。低钠血症：这是由于失钠造成的。常见的失钠原因有：胃肠道消化液的丧失、大量出汗、肾性失钠等。因此，高热病人或在高温区劳动作业大量出汗时，如仅补充水分而不补充由汗中失去的电解质，均可发生缺钠。另外，如肾小腺功能不全，利尿剂的应用和大面积烧伤等均可失钠。对于低钠血症，应视患者的个体情况进行补钠处理。高钠血症：高钠血症常与脱水等其他代谢紊乱并存。高钠血症造成细胞外液高渗状态，从而使中枢神经系统受到明显影响，因此临床表现也以神经精神症状为主。高钠血症的治疗，可视个体情况补水同时应用排钠型利尿剂，严重时亦可使用透析疗法。

② 钾（K） 正常成人体内钾的总量约为 50～55mmol/kg，其中 98% 存在于细胞内，每日约需钾 0.4mmol/kg。钾主要来自水果、蔬菜等植物性食物，其中 90% 的钾在肠道吸收。

低钾血症状主要由钾摄入不足引起的。见于无钾饮食 2～3 周以后，或见于长期禁食而静脉补液中无钾。钾丢失过多：如呕吐、腹泻等引起的消化液丢失；因肾脏疾患而丢钾过多等。一般钾丢失 200～400mmol/L 即可出现低钾血症。可根据个体情况进行饮食补钾、口服补钾及静脉补钾等治疗。高钾血症常见原因主要有以下几点：细胞内钾外逸，可见于广泛的细胞膜破裂，如重度溶血反应，严重组织创伤，严重休克和酸中毒等；钾摄入或输入过多，如口服或滴注含钾多的药物，输入库存过久的血液等；肾排泄钾的功能减退，如急性或慢性肾功能衰竭少尿期，应用保钾性利尿剂等药物影响肾脏排钾；血浆 pH 的影响。一般血浆 pH 降低 0.1 单位，血钾水平约升高 0.6～0.8mmol/L。可根据患者情况，用静脉注射钙剂对抗高钾血症引起的心脏兴奋作用；用相应的药物促进钾离子进入细胞内或促进钾的排泄；控制钾的摄入等方法来治疗高钾血症。

③ 镁（Mg）体重 70kg 的成人体内含镁 35g，其中 60% 存在于骨骼中。成年人每日镁的需要量为 0.15～0.175mmol/kg，镁在人体小肠中吸收。镁广泛分布在植物中，肉和脏器也富含镁，但奶中则较少。镁是多种酶系统，特别是 ADP 酶的必要辅助因子，因此镁具有十分重要的生理功能。低镁血症：低镁血症是由于镁的摄入不足，吸收减少，体内再分布失调，损耗增加等原因引起的，可根据患者个体情况进行补镁。高镁血症：高镁血症者可出现神经肌肉系统症状，可根据患者具体情况进行对症治疗或排出过多的镁。

④ 钙（Ca）与磷（P）钙是人体中含量最多的金属宏量元素，约为人体质量的 1.5%～2.0%，总量达到 1200～1300g。人体中的钙 99% 存在于骨骼和牙齿中，组成人体的支架，并作为机体内钙的储存库。1% 存在于软组织、细胞外液和血液中，与骨骼钙保持动态平衡，为维持所有细胞的正常状态所必需，在体内发挥极为重要的生理作用。钙能维持神经肌肉的正常兴奋和心跳规律，钙对体内多种酶有激活作用，如钙通过将凝血酶原激活成凝血酶而参与血凝过程，钙还能抑制毒物（如铅）的吸收。成人每日约需钙 0.6～1.0g，主要在小肠上段吸收。食物中若含有较多的磷酸盐、草酸盐和植酸（如菠菜、荞麦、燕麦等），就会影响钙在肠道内的吸收。我国人均钙摄入量处于较低水平（全国平均约为每人每日 500mg），因此规定每日膳食中钙的供给量为成年男女 800mg，孕妇（怀孕 7～9 个月）、哺乳妇女为 1500mg。

钙磷平衡：磷在食物中含量丰富，一般不会缺乏，人体含磷总量约为 800g，占人体质量的 1.3% 左右。除了构成体内活性物质，参与物质能量代谢外，磷可与钙结合成为磷酸钙，是构成骨骼和牙齿的主要物质。正常人的钙磷代谢是平衡的，调节钙磷代谢平衡的主要因素，除了有食物质量以外，还可依靠骨、肠、肾三个器官和甲状旁腺激素、降钙素及胆甾化醇三种激素来调节。缺钙将引起佝偻病，该病是因为婴幼儿缺乏维生素 D，导致钙磷代谢失常，引起的骨骼发育障碍及全身性生理功能紊乱，可通过补充维生素 D 治疗。适量的阳光照射，可使人皮下的 7-脱氢胆固醇转化为维生素 D，对佝偻病的防治有作用。婴儿手足搐搦症是由于维生素 D 缺乏，使血清钙降低，而引起神经肌肉兴奋性增高，出现全身性痉挛、喉痉挛、手足搐搦症状。可视患儿个体情况采用钙剂治疗或补充维生素 D 等。骨质疏松症：当破骨细胞作用时，钙、磷从骨组织中释放出来，同时，钙、磷沉着于类骨组织形成新骨。在正常情况下，这两个过程是平衡的。若骨再造减少，则发生骨质减少而导致骨质疏松。发生于老年人的骨质疏松，称老年性骨质疏松；继发于其他疾病，则称继发性骨质疏松。雌激素能促进降钙素及维生素 D 合成，抑制吞噬细胞和淋巴细胞释出导致吸收的促进物而抑制骨吸收，因此是主要的治疗药物。此外，适当运动，短期应用雄性激素、维生素 D 及钙剂均可配合治疗。

(2) 微量元素 在自然界存在的元素中，目前在人体已检出 81 种。元素依其在体内的含量不同,可分为宏量元素和微量元素。但是,在宏量元素和微量元素之间,很难划出严格的界限。一般认为,微量元素是指在组织中存在而表现出功能的浓度可用 μg/L 来表示的;或是指小于人类机体质量 0.01% 的元素,这类元素的总和仅占人体质量的 0.05% 左右。世界卫生组织确认的人体必需的 14 种微量元素为锌、铜、铁、碘、硒、铬、钴、锰、钼、钒、氟、镍、锶、锡。

① 碘（I） 碘主要从食物中摄入,以消化道吸收为主,正常人体内含碘 25~26mg,近半数浓集在甲状腺内,其余分布于血浆、肌肉、皮肤、中枢神经系统、各内分泌组织中。食物中含碘丰富的是海产品,如海带、紫菜、蛤蜊等,海盐也含有一定量的碘。食物中含有少量的碘,食物中的碘可全部吸收,但碘的吸收受铅、镁、锌以及硫氰化钾、过氯酸钾的干扰。估计成人约需碘 50~300μg/d,儿童 150μg/d。碘是甲状腺激素合成的必需材料,碘通过甲状腺激素促进蛋白质的合成,活化 100 多种酶,调节能量代谢。甲状腺激素对大脑的发育和功能活动有密切关系,如在胚胎早期缺乏甲状腺激素,则脑部发育成熟受影响,造成不可逆转的脑功能损害。人体缺碘会引起两大类疾病:地方性甲状腺肿,该病俗称"大脖子病",其临床表现为甲状腺肿大,患者颈部逐渐变粗。当肿大甲状腺组织压迫周围器官时,会产生呼吸困难、吞咽困难的情况。我国自 20 世纪 50 年代就开始在病区实行碘盐预防此病,多年的实践表明,凡是坚持碘盐预防的病区,该病基本上得到了控制。

② 铁（Fe） Fe^{2+} 较 Fe^{3+} 易吸收,但食物中的铁多为 Fe^{3+},铁主要由消化道经十二指肠吸收,胃和小肠也可少量吸收,所以必须在胃和十二指肠内还原成 Fe^{2+} 才能充分吸收。影响铁吸收的因素有很多,胃酸和胆汁都具有促进铁吸收的作用。铅中毒以及机体缺铜时,铁的吸收和利用会受到影响。一般成人体内共含铁 3~5g,女性稍低。铁在体内分布很广,几乎所有组织都含铁,以肝、脾含量为高,肺内也含铁。成人约需铁 12~18mg/d,孕妇和哺乳妇女 28mg/d,婴幼儿 10mg/d。我国人们的膳食中一般含铁不足,单纯喂人乳和牛乳的婴幼儿,容易发生缺铁性贫血。因人乳和牛乳中含铁很少,幼儿应该补充含铁丰富的食物。

铁主要参与血红蛋白、肌红蛋白、细胞色素氧化酶及触酶的合成,并与许多酶的活性有关。血液中红细胞的功能是输送氧,每个红细胞含有大量的血红蛋白,每个血红蛋白分子又含 Fe^{2+},是真正携带和输送氧的重要成分。肌红蛋白是肌肉储存氧的地方,每个肌红蛋白含有一个亚铁血红素,当肌肉运动时,它可以提供或补充血液输送氧的不足。骨髓在生成红细胞的过程中,需要造血原料（如铁元素）。如果体内缺铁（如供应缺乏或因出血过多）,尽管骨髓造血的功能正常,也会因不能生成足够数量的血红蛋白和红细胞而构成贫血,可通过口服铁剂可以得到较好的治疗效果。

③ 锌（Zn） 锌主要从胃肠道和呼吸道吸收,正常成年人体内含锌总量约 2~2.5g,分布于人体各组织器官内,视网膜、脉络膜、睫状体、前列腺等器官含锌较高,胰腺、肝、肾、肌肉等组织中也含有较多的锌。锌的摄入主要靠饮食营养食品,含锌较多的食品有乳品、动物肉食、肝脏、海产品、菠菜、黄豆、小麦等。食物中含的粗纤维、淀粉、果胶、植酸、多价磷酸盐影响锌的吸收。含铅、镉多的食品可置换锌离子,机体患有胰腺功能不全、局限性迴肠炎、发热、感染性疾病和饮酒等也会干扰锌的吸收。婴幼儿及儿童生长发育迅速,每天约需锌 0.2~1.2mg/kg,成年人约需锌 10~

15mg/d，妇女及妊娠妇约需锌 25mg/d。最近我国膳食营养标准定为儿童需锌 10mg/d，孕妇及哺乳妇需锌 20mg/d。

锌与酶的构成和活动有密切关系，大约有 200 种酶含有锌元素，缺锌后会导致一系列代谢紊乱及病理变化，各种含锌的酶活性降低，引起胱氨酸、蛋氨酸、亮氨酸和赖氨酸的代谢紊乱，谷胱甘肽的合成减少，结缔组织蛋白和肠黏液蛋白合成过程均受到干扰。锌参与多种代谢过程，包括糖类、脂类、蛋白质与核酸的合成和降解，这些过程多与含锌酶有关。锌是参与免疫功能的一种重要元素，对免疫功能具有营养和调节作用。锌与维生素代谢有关，维持血浆中维生素 A 的水平，影响维生素 C 的排泄量，与脂肪酸和维生素 E 有协同作用。缺锌会引起多种疾病，主要有营养性侏儒症。该病常见于以谷物（其含锌低）食品为主的国家和地区，多发于儿童和青少年，表现为生长发育停滞，骨髓发育障碍，智力及性功能低下，肝脾肿大，伴有贫血、食癖症等，会影响生长发育。体检若发现血清锌及头发锌含量低于正常水平，如不及时补锌治疗可能导致侏儒症发生。

④ 硒（Se） 硒作为一个必需微量元素的发现有一个曲折的过程。19 世纪 60 年代，由于一些牧草中含硒量过高（含硒量 50～500mg/kg）而导致牲畜中毒。人吃了含硒高的麦粉制品出现指甲破裂、风湿病、眼睛红肿及肝肾中毒等。在硒冶炼厂及加工厂工作的工人，容易得胃肠疾病、神经过敏和紫斑症等。另外，硒的一些化合物如硒酸盐等毒性很大。直到 40 年代末，人们才发现硒是人体健康的必需微量元素。各种硒的化合物主要由呼吸道和消化道吸收。人体内共含硒 14～21mg，以肝、胰、肾、视网膜、虹膜、晶状体含硒最丰富。硒含量最高的是肉类食物，乳蛋类中硒的含量则受饲料的影响，谷类和豆类中硒含量又比水果和蔬菜高，海产品（如虾、蟹）的硒含量高，但被人体吸收利用率较低。

中国营养学会 1988 年正式制订了我国硒的供应标准，成人每日为 50μg，儿童 1 岁以内 15μg，1～3 岁为 20μg。如过量摄入硒（如超过 200μg/d），可能对人体健康造成危害。硒是构成谷胱甘肽过氧化物酶和烟酸羟化酶等的必需成分，谷胱甘肽过氧化物酶通过催化系列氧化还原反应而保护细胞膜的结构和功能，缺硒就会造成其结构和功能损伤，进而干扰核酸、蛋白质、黏多糖及酶的合成及代谢，直接影响细胞分裂、繁殖、遗传及生长。硒能加强维生素 E 的抗氧化作用，清除自由基，有抗衰老的作用。缺硒者补充足够硒后，可使免疫功能得到改善。但硒过多则导致维生素 B_{12} 和叶酸代谢紊乱、铁代谢失常、贫血，也可能抑制一些酶的活性，发生心、肝、肾的病变。硒对心血管疾病防治有不可估量的作用，有人用硒治疗冠心病、心绞痛取得了很好的疗效。硒与癌症：动物实验证明，给动物饲料加亚硒酸钠或硒化钠，对动物白血病、致病物质引起的肉瘤、乳头状瘤及肝癌细胞分裂、繁殖和生长均有显著的抑制作用。临床观察发现，给急性和慢性白血病人服硒胱氨酸，结果使白细胞明显减少。硒与地方病：克山病是一种原因不明的以心肌坏死为主的地方病，克山病发病快、症状重，类似缺血、缺氧性心肌坏死，病人往往因抢救不及时而死亡或因不能痊愈而拖延成慢性克山病。经检查，克山病患者血液和头发硒含量比正常人低，服了亚硒酸钠后症状神奇般地消失，甚至痊愈。大骨节病：是我国西北地区流行的一种地方病，其表现为骨关节粗大、身材矮小、劳动力丧失，往往与克山病在同一地区流行。人们发现这种病也与当地的土壤、农作物、水质中缺硒有关。服用硒及维生素 E 治疗有效，能够加速儿童的骨骼正常生长。

⑤ 氟（F） 氟化物主要由呼吸道和消化道进入人体。正常人体约含氟2.6g，主要分布在骨骼、指甲、毛发中。食物中都含有少量氟，一般食品不超过0.5μg/g左右，海产品含氟量较多且容易被吸收，茶叶氟含量最高，我国江、浙、闽、赣等省区所产茶叶的含氟量为140μg/g。一般认为含氟0.5～1mg/d已够生理需要，实际摄入多为3.3～4.1mg/d。

氟是生物进行钙化作用所必需的物质，适量的氟有利于钙和磷的利用及其在骨骼中沉积增加骨骼的硬度。氟也是牙齿的重要组成部分，氟能被牙釉质中的羟磷灰石吸附，形成坚硬的氟磷灰石保护层，防治龋齿的发生。缺氟引起的疾病主要是龋齿。过量的氟进入人体后，主要沉积在牙齿和骨骼上，形成氟斑牙和氟骨症。氟斑牙在牙齿表面出现白色不透明的斑点，斑点扩大后牙齿失去光泽，明显时呈黄色、黄褐色或黑褐色斑纹。过量的氟与钙结合形成氟化钙，沉积于骨组织中会使之硬化，并引起血钙降低，从而使甲状腺激素分泌增加而促使骨钙入血，最终使骨基质溶解，引起骨质疏松和软化，病理表现为广泛性骨硬化或明显骨质疏松软化，此即氟骨症。氟骨症表现为腰腿痛、关节僵硬、骨骼变形、下肢弯曲、驼背，甚至瘫痪。用氟溶液和含氟牙膏可以防治龋齿，但在自来水中加氟防治龋齿是不安全的，其安全范围很窄，会引起氟中毒。氟中毒是一种慢性全身性疾病，早期表现为疲乏无力、食欲不振、头晕、头痛、记忆力减退等症状，严重时会产生氟骨症。氟中毒没有特效药治疗。最好的防治措施是改变水源。含氟量较高的水也可用化学药物（如硫酸铝、活性炭等）除氟。

⑥ 其他微量元素 其他微量元素必需的日需要量、食物来源、生理功能及缺乏症和过量引起的症状等见表5-1。

表5-1 人体其他必需微量元素

元素名称符号	人体含量/g	日需要量/mg	主要来源	主要生理功能	缺乏症	过量症
锶$_{38}$Sr	0.32	1.9	奶,蔬菜,豆类,海鱼虾类	长骨骼,维持血管功能和通透性,合成黏多糖,维持组织弹性	骨质疏松,抽搐症,白发,龋齿	关节痛,大骨节病,贫血,肌肉萎缩
铜$_{29}$Cu	0.1	3	干果,葡萄干,葵瓜子,肝,茶	造血,合成酶和血红蛋白,增强防御功能	贫血,心血管损伤,冠心病,白癜风,女性不孕症	黄疸肝炎,肝硬化,胃肠炎,癌
镍$_{28}$Ni	0.01	0.3	蔬菜,谷类,海带	参与细胞激素和色素的代谢,生血,激活酶,形成辅酶	肝硬化,尿毒,肾衰,肝脂质和磷脂质代谢异常	鼻咽癌,皮肤炎,白血病,骨癌,肺癌
锰$_{25}$Mn	0.02	8	干果,粗谷物,桃仁,板栗,菇类	组酶,激活剂,增强蛋白质代谢,合成维生素,防癌	软骨,营养不良,神经紊乱,肝癌,生殖功能受抑,贫血	无力,帕金森症,心肌梗死
锡$_{50}$Sn	0.017	3	龙须菜,西红柿,橘子,苹果,绿豆	促进蛋白质和核酸反应,促生长,催化氧化还原反应	抑制生长,门齿色素不全	贫血,生长停滞,影响寿命
钒$_{23}$V	0.018	1.5	海产品	刺激骨髓造血,降血压,促生长,参与胆固醇和脂质及辅酶代谢	胆固醇高,糖尿病,心肌无力,骨异常,贫血	结膜炎,鼻咽炎,心肾受损

续表

元素名称符号	人体含量/g	日需要量/mg	主要来源	主要生理功能	缺乏症	过量症
钴$_{27}$Co	<0.003	0.0001	肝,瘦肉,奶,蛋,鱼	造血,心血管的生长和代谢,促进核酸和蛋白质合成	心血管病,贫血,脊髓炎,白血病,青光眼	心肌病变,心力衰竭,高血脂,致癌
钼$_{42}$Mo	<0.005	0.2	豆荚,卷心菜,大白菜,谷物,肉类,酵母	组成氧化还原酶,催化尿酸,抗铜储铁,维持动脉弹性	心血管病,克山病,食道癌,肾结石,龋齿	睾丸萎缩,性欲减退,脱毛,软骨,贫血,腹泻
铬$_{24}$Cr	<0.006	0.1	啤酒,酵母,蘑菇,粗细面粉,红糖,蜂蜜,肉,蛋	发挥胰岛素作用,调节胆固醇、糖和脂质代谢,防止血管硬化	糖尿病,心血管病,高血脂,胆石,胰岛素功能失常	皮肤损害,伤肝肾,鼻中隔穿孔,肺癌

5.1.3 脂类

　　脂类是脂肪和类脂的总称。脂类是重要的营养物质,它以各种形式存在于人体的各种组织中,是构成人体组织细胞的重要成分,在人体内具有重要的生理作用。几乎一切天然食物中都含有脂类,在植物组织中,脂类主要存在于种子或果仁中,在根、茎、叶中含量较少,动物体中主要存在于皮下组织、腹腔、肝及肌肉间的结缔组织中,许多微生物细胞中也能积累脂肪。目前人类食用的和工业用的脂类主要来源于植物和动物。

　　脂肪主要是由一分子甘油和三分子脂肪酸形成的甘油三酯（或称三酸甘油酯）,按其脂肪酸是否含有双键可分为饱和脂肪酸和不饱和脂肪酸。含饱和脂肪酸较多的在常温下呈固态,称为"脂",如动物脂肪——猪油、牛油、羊油;含不饱和脂肪酸较多的在常温下呈液态,称为"油",如植物油——菜油、花生油、豆油、芝麻油等。由动植物组织提取的油脂都是不同脂肪酸混合甘油酯的混合物,结构简式如下:

$$\begin{array}{c} CH_2-O-\overset{O}{\underset{\|}{C}}-R^1 \\ R^2-\overset{O}{\underset{\|}{C}}-O-CH \\ CH_2-O-\overset{O}{\underset{\|}{C}}-R^3 \end{array}$$

　　类脂包括糖脂、磷脂、固醇类和脂蛋白等,在营养学上特别重要的是磷脂和固醇类两类化合物,重要的磷脂有卵磷脂和脑磷脂。卵磷脂主要存在于动物的脑、肾、肝、心和蛋黄、大豆、花生、核桃、蘑菇等之中;脑磷脂主要存在于脑、骨髓和血液中。固醇类又分为胆固醇和类固醇（包括豆固醇、谷固醇和酵母固醇等）。胆固醇主要存在于脑、神经组织、肝、肾和蛋黄中,类固醇中的豆固醇存在于大豆中,谷固醇存在于谷胚中,酵母固醇存在于酵母中。脂类的组成元素主要为 C、H、O 三种,有的还含有 P、N 及 S 等。

　　脂类化合物种类繁多,结构各异,但都具有下列共同特征:不溶于水而溶于乙醚、石油醚、氯仿、热酒精、苯、四氯化碳、丙酮等有机溶剂,大都具有酯的结构,多数是脂肪酸形成的酯,都是由生物体产生,并能为生物体所利用。

脂肪酸的分类：不同的脂肪有其不同的性质和生理营养功能，主要是因为它们含有不同的脂肪酸。自然界的脂肪酸多含偶数碳原子，分布最广的有软脂酸[$CH_3(CH_2)_{14}COOH$，十六烷酸]、硬脂酸[$CH_3(CH_2)_{16}COOH$，十八烷酸]和油酸三种。脂肪酸可分为三类。饱和脂肪酸：碳链中不含双键的链状羧酸，如软脂酸、硬脂酸，多存在于动物脂肪中，植物脂肪中的含量很少，但个别植物油如椰子油、棕榈油中饱和脂肪酸含量很高。单不饱和脂肪酸：碳链中仅有1个双键的脂肪酸，以油酸居多。各种动植物油中都含有油酸，其中茶油、橄榄油、花生油和奶油中含油酸较多。多不饱和脂肪酸：碳链中含有2个或2个以上双键的脂肪酸，如亚油酸、亚麻酸、花生四烯酸等。

人体正常生长所不可缺少而体内又不能合成、必须从食物中获得的脂肪酸称为必需脂肪酸。例如亚油酸、亚麻酸和花生四烯酸。必需脂肪酸具有重要的生理意义，它不仅是组织细胞的组成成分，而且还与类脂质的代谢有密切关系，同时对胆固醇代谢起重要作用。必需脂肪酸最好的来源是植物油，常用的豆油、芝麻油及花生油中含量较高，在菜籽油和茶油中较少。必需脂肪酸在动物油脂中含量一般比植物油中低，但相对来说，猪油比牛羊脂中多，禽类脂肪（鸭油、鸡油）中又比猪油中多，在鸡蛋黄中含量也较多。肉类中鸡、鸭肉较猪、牛、羊肉中含量丰富，动物的心、肝、肾和肠等内脏中的含量高于肌肉。

脂类的营养生理功能如下。

(1) 供给和储存热能 每克脂肪在体内氧化可供给热量约38kJ，比等量的糖类化合物或蛋白质的供热量大一倍多。从食物中获得的脂肪，有一部分储存在体内。脂肪储存占有空间小，能量却比较大，这是人类在进化过程中选择脂肪作为自身能量储备形式的重要原因。当人体的能量消耗多于摄入时，就动用储存的脂肪来补充热能，所以储存脂肪是储备能量的一种方式。正常情况下，人的能量约70%来源于糖类化合物，来源于脂肪的不到20%；当人处于饥饿状态时或手术后禁食期有50%～85%的能量来源于储存脂肪的氧化，冬眠动物和骆驼也都是靠储存脂肪来维持其冬眠或"禁食"期间的生存的。

(2) 构成身体组织 脂肪是构成人体细胞的主要成分，如类脂中的磷脂、糖脂和胆固醇是组成人体细胞膜类脂层的基本原料，糖脂在脑和神经组织中含量最多，脂肪在人体内也占有一定的比重，男子的脂肪一般占体重的10%～20%。一般来说，女子体内脂肪的比重高于男子。

(3) 维持体温和保护脏器 脂肪是热的不良导体，分布在皮下的脂肪具有减少体内热量的过度散失和防止外界辐射热的侵入，对维持人的体温和御寒起着重要作用。分布在器官、关节和神经组织等周围的脂肪组织，还对重要脏器起固定支持和保护作用。

(4) 促进脂溶性维生素的吸收 脂肪是脂溶性维生素的良好溶剂，维生素A、维生素D、维生素K、维生素E均能溶于脂肪而不溶于水，这些维生素随着脂肪的吸收而同时被吸收，当膳食中脂肪缺乏或发生吸收障碍时，脂溶性维生素就会因此而缺乏。

(5) 供给必需脂肪酸、调节生理功能 必需脂肪酸是细胞的重要构成物质，尤其是线粒体和细胞膜；它又是合成人体重要激素——前列腺素的必要前体。必需脂肪酸在体内具有多种调节人体生理功能的作用，如它能促进人体发育，维持皮肤和毛细血管的健康，增加乳汁的分泌，减轻放射线照射所造成的皮肤损伤，降低血脂固醇和减少血小板黏附性作用，防止血栓形成，有助于防止冠状动脉粥样硬化性心脏病（冠心病），参与前列腺素和精子的合成等。亚油酸缺乏时，会发生皮肤病，生长发育缓慢，出现毛发干燥或断裂，育龄男女青年严重缺乏亚油酸，可导致生育反常（不孕或堕胎）及乳汁分泌减少等现象。正常成年人每日最少需要供给亚油酸 6~8g，以占总热能的 1%~2% 为宜。

（6）提高食品的饱腹感和美味　脂肪食物在胃中停留的时间长，产生饱腹感，脂肪还有润肠作用。烹调食物时加入脂肪，可以改善食品的味道，增进食欲。

5.1.4　蛋白质

蛋白质是食物的主要营养成分之一，是构成生物体的基本物质，不论是简单的低等生物，还是复杂的高等生物，其复杂的生命活动，都是由组成生物体的无数蛋白质分子活动来实现的。病毒、细菌、激素、植物和动物细胞原生质都是以蛋白质为基础的，人体和动物体内最重要的组成成分是蛋白质。据估算，人体中的蛋白质分子多达 10 万种，蛋白质占人体重的 15%~18%、干重的 50%。植物体内蛋白质的含量相差悬殊，在新鲜植物组织中一般只含有 0.5%~3%，在植物种子中达 15%，豆类种子中含量最多，例如大豆中蛋白质可达 40%。

蛋白质是一种化学结构非常复杂的含氮有机高分子化合物，组成蛋白质的元素主要有碳、氢、氧和氮四种，有的蛋白质中还含有少量的硫、磷（如牛奶中的奶酪蛋白）、铁（血中的血红蛋白）、镁（绿色蔬菜中的叶绿蛋白）、碘（甲状腺中的甲状腺球蛋白）等其他元素。

（1）蛋白质的分类　氨基酸是组成蛋白质的基本单位，也是蛋白质消化后的最终产物。氨基酸的结构简式如下：

$$\text{R}-\underset{\underset{\text{NH}_2}{|}}{\overset{\overset{\text{H}}{|}}{\text{C}}}-\text{COOH}$$

氨基酸按其营养学作用可分为两大类：必需氨基酸和非必需氨基酸。

必需氨基酸是指人体需要但人体内不能合成或合成的速率远不能满足机体的需要，而必须从食物中摄取的氨基酸。成年人的必需氨基酸有 8 种，如苏氨酸、缬氨酸、亮氨酸、异亮氨酸、蛋氨酸、苯丙氨酸、色氨酸和赖氨酸。对于儿童，组氨酸和精氨酸也是必需的，故共有 10 种儿童必需氨基酸。

非必需氨基酸：是指能在人体内合成或可以由其他氨基酸转变而成的氨基酸，如人体内的酪氨酸可由苯丙氨酸转变而成。为了良好的营养，我们要在日常饮食中含有全部的必需氨基酸，不过所需要的量每种不超过 1.5g。对生命来说，非必需氨基酸和必需氨基酸同样需要，只是前者可以由人体从其他化合物制得。

由于各种食物蛋白的氨基酸组成（种类、数量、比例）不同，其营养价值也各不相同，根据蛋白质的营养价值和所含氨基酸的种类和数量，在营养学上一般可将蛋白质分为三大类：完全蛋白质、半完全蛋白质和不完全蛋白质。

① 完全蛋白质：这类蛋白质所含必需氨基酸种类齐全、数量充足，而且各种氨基酸的比例与人体需要基本相符合，容易吸收利用。完全蛋白质不但可以维持成年人的健康，而且对儿童的成长和老年人的抗衰老均有重要的作用。若膳食中每日有此类蛋白质，就能维持身体正常活动，还能促进儿童生长发育。鱼、畜禽肉、蛋、乳类及大豆中的蛋白质属于完全蛋白质。

② 半完全蛋白质：此类蛋白质中所含各种必需氨基酸种类基本齐全，但相互之间比例不太合适，氨基酸组成不平衡，若以它作为唯一的蛋白质来源，虽然可以维持生命，但促进生长发育的功能很差。多存在于小麦、大麦、粗粮之中。

③ 不完全蛋白质：此类蛋白质中所含必需氨基酸种类不全、质量也差，若用它作为膳食蛋白质的唯一来源，不能促进机体生长发育，维持生命的作用也很弱。不完全蛋白质多存在于各种动物的结缔组织（如软骨、韧带、肌腱等）和肉皮之中。

我国的膳食蛋白质的来源主要从畜禽肉类、蛋类、鱼类、奶类、豆类、薯类、蔬菜类等食物中取得。谷类食品的蛋白质含量虽然不高，但作为主食每日摄入，成年人每日摄入量一般达 500g 左右。所以，谷类蛋白质是膳食蛋白质的重要来源，约占我国人民膳食蛋白质的 60%～70%，但由于谷类蛋白质多为不完全蛋白质，所以要适当增加动物蛋白质和大豆蛋白质的比例，以提高其质和量。

(2) 蛋白质的营养生理功能　人体的每一种生命活动和生理功能都是由蛋白质来实现的，也就是说，生命的产生、延续与消亡，无一不与蛋白质有关，所以，蛋白质在生命活动中起着极为重要的作用。蛋白质的功能很多，主要的营养生理功能有以下几个方面。

① 构成和修补机体组织　人体的神经、肌肉、皮肤、内脏、血液、骨骼等组织，甚至毛发、指甲等都含有蛋白质。身体的生长发育、衰老组织的更新、疾病和损伤后组织细胞的修复，都是依靠食物蛋白质源源不断地供给氨基酸，进入人体后重新组合，在遗传基因的严格控制下合成各种各样人体所需要的蛋白质来完成的。

② 调节生理功能　人体的各种生命活动，如食物的消化、吸收、传送，营养成分的合成、分解，肌肉的活动，血液的循环等，都是通过成千上万种生化反应来完成的，在这些反应中一定各有其特定的酶来催化，同时还要有各种各样的激素（如胰岛素、肾上腺素等）来调节，而酶和激素主要是由各种蛋白质组成的。又如，血浆蛋白能协助维持细胞内外液的正常渗透压，血液中的血红蛋白能够维持体液的酸碱平衡等。

③ 运输功能　人体内输送 O_2 和带走 CO_2 是通过血红蛋白的运输来完成的，血液中的脂质蛋白随着血流输送脂质。人体内能量代谢中的生物氧化过程中，某些细胞色素蛋白如细胞色素 C 等起着电子传递体的作用。

④ 为了保护机体免受细菌和病毒的侵害，增强机体的免疫能力，人体中有很多种抗体，抗体都是免疫球蛋白（占人体血浆蛋白总量的 20%）。

⑤ 供给热能　人体每天所需的热能约 10%～15% 来自蛋白质。每克蛋白质氧化可释放 16.7kJ 热能。但提供热能不是蛋白质的主要功能，只有糖类化合物和脂肪供应不足时，人体才会动用蛋白质提供热能。

(3) 蛋白质的营养价值和供给量　蛋白质所含氨基酸的品种、数量和比例，决定蛋白质的营养价值。食物蛋白质氨基酸含量和比例越接近人体蛋白质，或说所含必需氨基酸品种齐全、比例适当，它的营养价值就越高，或称生理价值就越高。它是评定食物蛋白质营养价值高低的常用方法，生理价值表示蛋白质被机体吸收后在体内的利用率。动物性食品蛋白质的生理价值一般都比植物性食品的生理价值高，其中，以鸡蛋最高，牛乳次之，植物性食品蛋白质的生理价值以大米、白菜较高。

此外，还应注意下列几点：a. 蛋白质的消化率与利用率的关系。蛋白质消化率越高，被机体吸收利用的可能性就越大，营养价值也越高。一般来说，因植物性食品中蛋白质被纤维所包围，不易与消化酶接触，植物性蛋白质消化率低于动物蛋白质。若将植物性食品加工烹调软化或去除纤维，则可提高其蛋白质的消化率。b. 蛋白质的互补作用。将两种或两种以上食物蛋白质混合食用时，其中所含有的必需氨基酸就可以相互配合、取长补短，使氨基酸比值更接近人体需要的模式，从而提高了混合蛋白质的生理价值，这种作用称为蛋白质的互补作用。互补作用在饮食的选择、调配和提高蛋白质的营养价值方面有重要意义。如谷类蛋白质缺乏赖氨酸，而色氨酸较多；大豆蛋白质中则赖氨酸较多，色氨酸较少，如混合食用，可以使蛋白质的利用率提高10%～32%。在日常生活中，应注意食物种类多样化的膳食营养结构，避免偏食，提倡荤素搭配，粮、豆、菜混食，粗细粮混合等调配方法，对于提高蛋白质的营养价值是很有效的。c. 蛋白质的供给量。人体组织蛋白质不断分解为氨基酸，又不断从食物提供氨基酸和组织蛋白质分解的氨基酸中合成补充。由于消耗的结果，每天必须供给一定量的蛋白质，以保持体内蛋白质的动态平衡。人体各组织器官生理活动的程度不同，蛋白质的合成和分解速率也不同。

一个人每天需要蛋白质数量要根据年龄、生理特点和健康情况而定。儿童所需蛋白质相对来说要比成人多，例如新生婴儿所需的蛋白质每日每千克体重约为2～4g，而成年人仅为1～1.5g，妊娠妇女所需的蛋白质也比一般妇女要多，在妊娠后半期每日每人约需增加15～25g蛋白质，成年女子每人每日需蛋白质65g，成年男子根据体力劳动强度的不同，每人每日需80～110g蛋白质，供给量要比需要量充裕。根据营养学的要求，成年人每天在饮食中的蛋白质的比例，以热量计应该占总热量的10%～12%，对儿童、青少年来说应占12%～14%。保证饮食中蛋白质的比例，对增强人们的体质有着重要的意义。

5.1.5 糖类

糖类是食品的重要成分，广泛存在于植物体中，是绿色植物经过光合作用的产物，占植物体干重的50%～80%。动物体内不能制造糖类化合物，要以食用植物的糖类化合物为能源，因此，糖类化合物主要是由植物性食品供给。淀粉是糖类化合物在自然界中最主要的存在形态，在早些年，因发现一些糖类如蔗糖、淀粉以及纤维素等都是由碳、氢、氧三种元素所组成，且其中氢与氧原子之比为2：1，相当于水分子中氢与氧原子之比，可以用通式$C_n(H_2O)_m$来表示，故糖类过去也被称为碳水化合物。

按分子的大小，食品中的糖类化合物可分为三大类。

(1) 单糖　单糖是最简单的多羟醛或多羟酮，它不能再进行水解。单糖有多种，其中最重要的是葡萄糖和果糖。葡萄糖和果糖的分子式均是$C_6H_{12}O_6$，葡萄糖是一个己醛糖，果糖是一个己酮糖。

$$CH_2OH-CHOH-CHOH-CHOH-CHOH-CHO$$
葡萄糖结构简式

$$CH_2OH(CHOH)_3-(C=O)-CH_2OH$$
果糖结构简式

  葡萄糖在自然界分布极广，多存在于蜂蜜、成熟的葡萄和其他果汁以及植物的根、茎、叶、花中，在动物血液中也含有葡萄糖，它是人体内新陈代谢不可缺少的重要营养物质。果糖广布于植物界中，它与葡萄糖共同存在于蜂蜜及许多果汁中，它们都是蔗糖的组成部分。纯单糖都是结晶，极易溶于水，有甜味。蜂蜜在较低的温度下有沉淀析出，主要是由于其中的葡萄糖容易结晶的缘故，所以并不影响蜂蜜的食用。

  (2) 低聚糖 经水解后产生两分子、三分子或少数分子单糖的糖类化合物称为低聚糖。其中以二糖最重要，最常见的二糖是蔗糖、麦芽糖、乳糖。蔗糖是自然界中分布最广的二糖，在甘蔗和甜菜中含量很高，故又称甜菜糖。蔗糖的甜味超过葡萄糖，但不及果糖。淀粉受麦芽或唾液酵素作用可部分水解成麦芽糖，其甜味不及蔗糖。乳糖主要存在于哺乳动物乳汁中，牛奶中含乳糖4%，人乳中含乳糖5%～7%。

  (3) 多糖 经水解后产生多个分子单糖的糖类化合物。例如，淀粉、植物的纤维素、动物中的糖原和甲壳多糖等。多糖是许多单糖分子通过苷键联结起来的天然高分子化合物，一般不溶于水，有的即使溶于水，也只能生成胶体溶液。它们虽属糖类，但没有甜味，也无还原性。淀粉是绿色植物进行光合作用的产物，植物把淀粉储藏在根、种子中作为储备的养料。淀粉主要来自马铃薯和小麦，其他如大米、高粱、玉米等也含有大量淀粉。纤维素是自然界最大量存在的多糖，是植物的主要成分，嫩叶的干物中约有10%是纤维素，而老叶的干物中则高达20%（质量）。哺乳动物没有纤维素酶，不能消化纤维素作为能源。纤维素在一定条件下水解可生成葡萄糖。

  下面介绍糖类化合物的营养和生理功能。

  (1) 供给热能 在人们的饮食中，糖类化合物占的比例最大。因为它最容易获得，也最便宜，更重要的是它释放热能较快，特别是葡萄糖能较快地被氧化产生热能。每克葡萄糖在体内氧化约产生17kJ的热能。从营养学观点来考虑，糖类化合物在总热量中，所占的比例以50%～70%为宜，对一个中等劳动量的成年人来说，每天每千克体重需要可被消化的糖类化合物5～7g。若饮食中糖类化合物所占的比例过大，会导致食品中蛋白质和脂肪的比例过低；若糖类化合物所占的比例太低，脂肪占的比例就会较高，这两种情况都会造成营养不良现象。根据我国目前总的营养情况，糖类化合物在饮食构成中的比例偏高，而蛋白质和脂肪的比例偏低，所以应大力发展畜牧业、养殖业、植物蛋白和油料作物，使我国的饮食构成逐渐达到合理营养的要求。这样对增强我国人民的体质和提高健康水平，将具有重要和深远的意义。

  (2) 构成机体组织 人体的许多组织中，都需要有糖参加，它是构成人体组织的重要物质。例如，血液中有血糖，在正常人血液中其含量有一定范围，即每100cm³血液中，含葡萄糖85～100mg，超过100mg就不正常了，比如糖尿病患者的血糖含量都超过100mg。血糖过低也是不正常的现象，血糖过低会使脑神经得不到足够的养分，容易出现昏迷、休克，因而血糖含量是检查人体是否正常的重要的常规指标之一。

(3) 保肝解毒作用 当肝糖原储备较充足时,肝脏对某些化学毒物如砷等有较强的解毒作用,对各种细菌感染所引起的毒血症也有较强的解毒作用。因此要保证身体的糖供给,尤其是在肝脏患病时要能供给充足的糖,使肝脏中有丰富的糖原,在一定程度上可以保护肝脏免受损害,又能维持其正常的解毒作用。

(4) 控制脂肪和蛋白质的代谢 在饮食中如得不到所需要的糖类时,则体内需要氧化更多脂肪来满足人体热量的消耗。脂肪在氧化时会积累较多的中间产物——酮酸,当人体内酮酸的积累量过大又不能及时排出体外时,就会引起酮酸中毒。其症状是恶心、疲乏、呕吐及呼吸急促,严重者可致昏迷。摄入体内的糖类释放热能,有利于减少蛋白质产生热能的消耗,有利于蛋白质的合成和代谢。摄入体内的蛋白质,可以更多地经分解形成氨基酸,并在体内重新合成人体蛋白质或进一步代谢(都需要较多的热能)。因此糖类化合物起节约蛋白质的作用。

(5) 食物纤维的独特作用 食物纤维的作用主要有以下几点。食物纤维因其吸水性强,在肠中容易体积膨胀,从而增大了粪便的体积,不但使人体内代谢产生的毒物得以稀释,而且可以加强肠道的蠕动,缩短粪便在结肠中的停留时间,减少有毒物质的积累和与结肠接触的时间,从而有助于预防结肠炎及结肠癌。食物纤维能降低胆固醇和血脂。某些食物纤维能与胆酸盐和食物中的胆固醇及甘油三酯结合并从粪便中排出,从而减少酯类的吸收,为了补偿其丢失,脂类在体内的代谢会加速,减少储存,从而有利于降低血中胆固醇和甘油三酯,减少冠心病的发病率。另外,食物纤维在体内虽不能被消化吸收,但它对肠壁有刺激作用,能引起肠壁收缩蠕动,促进消化液的分泌,有利于食物的消化。国外一些学者建议,在每天饮食中,将粗纤维的含量增加到10~12g。

精制糖:精制糖主要是指单糖和二糖的制成品,如白糖、红糖以及由它们制成的甜点心、甜饮料和糖果等。用膳或零食要少吃或不吃精制糖,尤其是儿童更要少吃。主要原因如下:①精制糖属于"空热能"食物,其中除含糖外不含或只含少量的其他营养素。它只能产生热量,在膳食以外吃糖容易使热量过剩,过剩的热量会使人发胖。②精制糖是一种"高密度热能"食物。它在食物中所占的体积小,但产热量高,例如将100~200g糖加入冰激凌、奶油蛋糕或巧克力食物中,体积增加不了多少,而热量却增大很多。③精制糖在体内代谢过程中容易转变为甘油三酯,有些甘油三酯高的病人并不是由于脂肪摄入过多,而是由于精制糖摄入过多而引起的。血脂过高又会引起动脉硬化等多种心血管疾病。④精制糖对牙齿有害。龋齿的发生率与精制糖的食用量成正相关性。细菌又会促进精制糖发酵,产生大量乳酸及其他酸性物质,致使牙齿脱釉、细菌滋生,破坏牙本质,从而引起龋齿病。当然,实际生活中离不开精制糖,只是不宜多吃。对于哺育婴儿和需要摄入高热能的病人,则另当别论,如产妇宜多用红糖保健。

5.1.6 维生素

维生素是一类分子结构和性质都并无共同特征的低分子有机化合物,在天然食物中含量极少,在人体内含量甚微,但却是人体生长和健康所必需的物质。它们与蛋白质、脂肪、糖类化合物不同,维生素在人体内不能产生热量,也不参与人体细胞、组织的构成,但却参与调节人体的新陈代谢,促进生长发育,预防某些疾病,并能提高人体抵抗疾病的能力。人体若缺少了维生素，新陈代谢就会发生紊乱，就会发生各种维生素缺乏病，如坏血病、脚气、凝血病和夜盲症等。维生素在人体内不能合成，必须从食物中摄取，但由于人体对各种维生素的需要量并不大（一般在毫克级），因此只要注意平衡膳食，多吃新鲜蔬菜和水果，一般不会引起维生素缺乏症。若发生维生素缺乏症，可在医生指导下服用富含维生素的食品或维生素制剂（如鱼肝油、干酵母及维生素C、维生素E、维生素K等）。

维生素的名称，常根据发现的时间先后次序，在维生素后面加上拉丁字母A、B、C、D等来命名，也有的是根据它们的分子结构的特点或其生理功能来命名的，如硫胺素、抗坏血酸等。维生素种类多，化学性质与分子结构差异很大，其分类一般按其溶解性，分为脂溶性维生素和水溶性维生素两大类。脂溶性维生素都溶于脂肪和脂溶剂，而不溶于水，可随脂肪为人体吸收并在体内储积，排泄率不高。水溶性维生素能溶于水而不溶于脂肪或脂溶剂，吸收后在体内储存很少，过量的多从尿液排出。

已知维生素有20多种，主要的维生素有以下几种。

(1) 维生素A　它是1913年由美国化学家台维斯从鳕鱼肝中提取得到的。维生素A是黄色粉末，不溶于水，易溶于脂肪、油等有机溶剂。化学性质比较稳定，但易被紫外线破坏，应储存在棕色瓶中。维生素A是眼睛中视紫质的原料，也是皮肤组织必需的材料，人缺少它会得干眼病、夜盲症等。通常每人每天应摄入维生素A 2～4.5mg，不能摄入过多。近年来有关研究表明，它还有抗癌作用。动物肝中含维生素A特别多，其次是奶油和鸡蛋等。胡萝卜、番茄等蔬菜中含大量胡萝卜素，是维生素A的前体，在人体中易变为维生素A，因此食用蔬菜同样可补充维生素A。

(2) 维生素B　它是一类水溶性维生素，大部分是人体内的辅酶，主要有以下几种。

① 维生素B_1　是最早被人们提纯的维生素，1896年荷兰科学家伊克曼首先发现，1910年波兰化学家丰克从米糠中提取和提纯。维生素B_1是白色粉末，易溶于水，遇碱易分解。它的生理功能是能增进食欲，维持神经正常活动等，缺少它容易得脚气病、神经性皮炎等。成人每天需摄入约2mg。它广泛存在于米糠、蛋黄、牛奶、番茄等食物中，目前已能由人工合成。

② 维生素B_2　又名核黄素。1879年英国化学家布鲁斯首先从乳清中发现，1933年美国化学家哥尔倍格从牛奶中提取，1935年德国化学家柯恩用化学方法人工合成。维生素B_2是橙黄色针状晶体，味微苦，水溶液有黄绿色荧光，在碱性或光照条件下极易分解。熬粥不放碱就是这个道理。人体缺少它易患口腔炎、皮炎、微血管增生症等。成年人每天应摄入2～4mg，它大量存在于谷物、蔬菜、牛乳和鱼等食品中。

③ 维生素B_6　1930年由美国化学家柯列格发现。它有抑制呕吐、促进发育等功能，缺少它会引起呕吐、抽筋等症状。成年人每天摄入量约为2mg，它广泛存在于米糠、大豆、蛋黄和动物肝脏中，目前已能人工合成。

④ 维生素B_{12}　1947年美国女科学家肖波在牛肝浸液中发现维生素B_{12}，后经化学家分析，它是一种含钴的有机化合物。维生素B_{12}化学性质稳定，是人体造血不可缺少的物质，缺少它会产生恶性贫血症。目前虽已能人工合成，但成本高昂，因此仍用生物技术由细菌发酵制得。人体每天约需12μg，人在一般情况下不会缺乏。

(3) 维生素C　维生素C又叫抗坏血酸。1907年挪威化学家霍尔斯特在柠檬汁中发现，1934 年才获得纯品，现已可人工合成。它是无色晶体，熔点 190～192℃，易溶于水，水溶液呈酸性，化学性质较活泼，遇热、碱和重金属离子容易分解，所以炒菜不可用铜锅，不能加热过久。维生素 C 的主要功能是帮助人体完成氧化还原反应，提高人体灭菌能力和解毒能力。长期缺少维生素 C 会得坏血病，成人每天需摄入 50～100mg。多吃水果、蔬菜能满足人体对维生素 C 的需要。有研究认为，服大剂量维生素 C 对预防感冒和抗癌有一定作用，但维生素 C 在体内分解代谢最终的重要产物是草酸，长期服用可出现草酸尿以致形成泌尿道结石。

(4) 维生素 D　维生素 D 于 1926 年由化学家卡尔首先从鱼肝油中提取。它是淡黄色晶体，熔点 115～118℃，不溶于水，能溶于醚等有机溶剂。维生素 D 化学性质稳定，在 200℃下仍能保持生物活性，但易被紫外线破坏，因此，含维生素 D 的药剂均应保存在棕色瓶中。维生素 D 的生理功能是帮助人体吸收磷和钙，是造骨的必需原料，因此缺少维生素 D 会得佝偻症。人体每天应摄取维生素 D 约 $25\mu g$，但不宜过量，否则易产生副作用。在鱼肝油、动物肝、蛋黄中它的含量较丰富。人体中维生素 D 的合成跟晒太阳有关，因此，适当地晒晒太阳有利于健康。

(5) 维生素 E　维生素 E 于 1922 年由美国化学家伊万斯在麦芽油中发现并提取，20 世纪 40 年代已能人工合成。1960 年我国已能大量生产。它是无臭、无味液体，不溶于水，易溶于醚等有机溶剂中。它的化学性质较稳定，能耐热、酸和碱，但易被紫外线破坏，因此要保存在棕色瓶中。维生素 E 是人体内优良的抗氧化剂，维生素 E 能促进生殖，人体若缺少它，男女都不能生育，严重者会患肌肉萎缩症、神经麻木症等。近年来，科学家还发现它有防老、抗癌作用，能改善血液循环，预防近视眼发生和发展。维生素 E 广泛存在于肉类、蔬菜、植物油中，通常情况下，人体是不会缺少的。

(6) 维生素 K　维生素 K 于 1929 年被丹麦化学家达姆从动物肝和麻子油中发现并提取。它是黄色晶体，熔点 52～54℃，不溶于水，能溶于醚等有机溶剂。维生素 K 化学性质较稳定，能耐热、耐酸，但易被碱和紫外线分解。它在人体内能促使血液凝固。人体缺少它，凝血时间会延长，严重者会流血不止，甚至死亡。奇怪的是，人的肠中有一种细菌会为人体源源不断地制造维生素 K，加上在猪肝、鸡蛋、蔬菜中含量较多，所以，人通常不会缺乏维生素 K。

5.2　各类食物

(1) 粮食类　粮食指稻米、面粉、小米等五谷杂粮，它们是我国人民的主食，是能量的主要来源。粮食类含糖化合物达 70%～80%，主要成分是淀粉。粮食中脂肪的含量较低，约占 2%，蛋白质含量占 7%～10%。粮食的外皮中含维生素，如维生素 B_1、维生素 B_2、维生素 B_6 等较多。因此，食用糙米有利于各种维生素 B 的补充，长期食用精白米不利于健康，如会得脚气病。

(2) 豆类　豆类是我国人民常用的营养食品，营养成分因品种而异，平均含糖类化合物 25%～40%，脂肪 18%～20%，蛋白质 30%～40%。豆类所含的蛋白质属完全蛋白质，其中必需氨基酸组成跟牛奶、鸡蛋相似。豆类是素食者所需蛋白质的来源。豆类中的蛋白质较难消化，因此通常做成豆腐和其他豆制品，或豆浆、豆奶，这样可提高蛋白质吸收率。豆类中维生素 B 和维生素 C 也都有一定含量。

(3) 蔬菜　蔬菜中的主要成分是纤维素，另外含蛋白质约 1%，脂肪 0.5% 以下，糖类 5% 以下。人体不能吸收纤维素，但它进入人体后，能加强肠的蠕动，使大便通畅，多吃蔬菜可预防肠癌和糖尿病。蔬菜是人体多数维生素和无机盐的主要来源。钾、镁等元素在绿叶植物中含量较丰富，每人每天吃 500g 蔬菜为宜。

(4) 水果　顾名思义，水果是含水量达 80% 以上的果实，糖类占 10%～15%，以果糖为主，脂肪和蛋白质都不超过 1%。它也是人体许多维生素和微量元素的主要来源。多吃水果有益健康，但未成熟的水果中常含有毒的化合物，应不吃和少吃，在农村，常有食生水果中毒的报道。另外，还要了解有些水果的特性，做到科学食用。例如，菠萝必须用盐水泡后食用，吃荔枝过量易得荔枝病，吃橄榄和梅子要注意预防胃酸过多。

(5) 肉类　肉类的主要成分是脂肪和蛋白质，并且是优质蛋白质，含糖仅 1%～5% 左右，脂肪为 30%～40%，蛋白质 10%～20%。各种成分的含量常因肉的品种而异，如鸡肉比猪肉含蛋白质要高得多，肥肉里脂肪比瘦肉高得多，肥肉内胆固醇也比瘦肉高。肉类含磷较多，含钙较少，因此偏食肉类易引起缺钙。

(6) 蛋类　蛋类是含蛋白质最丰富的食物之一，蛋白质含量约为 13%～15%，都是完全蛋白质，脂肪含量为 11%～15%，主要在蛋黄内。蛋黄里还含有铁、磷、钙和维生素 A、维生素 B、维生素 D 等。无论哪一种蛋都应烧熟吃，因为生蛋易受外来物（包括空气中的细菌）污染。生蛋里含有一种能消灭维生素 H 的抗体，吃生蛋易引起维生素 H 缺乏症，出现皮肤干裂、皮炎等症状。

(7) 水产类　水产通常指鱼、虾、蟹、海带、紫菜等水生动植物，主要是鱼类。它含蛋白质 15%～20%，都是完全蛋白质。鱼类脂肪大都是不饱和脂肪酸，易消化吸收。鱼肉和骨含钙、磷、钾、铁、锌等多种必需元素，鱼肝中有丰富的维生素 A 和维生素 D。有研究认为，食鱼有益健脑、降低低密度胆固醇，能提高免疫系统的功能。

(8) 奶类　奶类虽含有大量的水（85%～88%），但所含蛋白质（3%）都是完全蛋白质。还含 4% 的脂肪，都易吸收。特别是奶类含有维生素 A、维生素 D 和钾、锌等元素，有利婴儿生长。奶类食品不能生食，因为生牛奶每毫升约有 400 个细菌。奶类食品中含有其他食物难得的色氨酸，它能转化成 5-羟色胺，是促人安睡的化合物，所以睡前服奶能促使婴儿安睡。

5.3　食品添加剂

食品添加剂在食品工业的发展中起了决定性的作用。食品添加剂已渗透到食品加工的各个领域，包括粮油加工、畜禽产品加工、果蔬保鲜加工及糖果糕点制备等方面。食品添加剂对改善食品的色、香、味、形、营养、保质期等方面发挥着重要的作用。

按我国 1990 年颁布的《食品添加剂分类和代码》，按主要功能的不同，食品添加剂分为着色剂、增味剂、甜味剂、防腐剂、酸度调节剂、消泡剂、抗氧化剂、膨松剂、乳化剂、面粉处理剂、水分保持剂、营养强化剂、增稠剂、食品香料等。

5.3.1 食用色素

食品具有各种色彩如橙色、咖啡色、橄榄色、红色、绛紫色等，这是由于色素成分的存在而呈现的颜色。烹调过程中，温度的改变和调味品的应用也能改变食品的颜色。

(1) 叶绿素　是一类与光合作用有关的最重要的色素，叶绿素为镁卟啉化合物，包括叶绿素 a、叶绿素 b、叶绿素 c、叶绿素 d、叶绿素 f 以及原叶绿素和细菌叶绿素等。叶绿素本身是不稳定化合物，在酸性介质中，由本来的绿色转变为黄色，高温时该反应加剧。例如煮菠菜时，加盖易变黄，开盖则易保持绿色，这是因为菠菜中的挥发酸挥发出去而不置换 Mg 的原因。另外，腌菜时，先浸以石灰水可保持其绿色。烹煮绿色蔬菜，绿色分解酶能把叶绿素分解成甲基叶绿酸，继而使绿色消失，所以通常在蔬菜加工中采用热烫手段灭酶，同时也可使与叶绿素结合的蛋白质凝固而达到保持蔬菜绿色的目的。

(2) 类叶红素　更多地被称为类胡萝卜素，是动植物食品中广泛存在的呈现黄色、橙色、红色的脂溶性色素。一旦叶绿素被分解，则呈现出类胡萝卜素色素。成熟的水果、秋天的树叶显黄色就是这个原因。类胡萝卜素是高度不饱和化合物（多烯），含有一系列共轭双键和甲基支链。色素的颜色随着共轭双键的数目而变动。共轭双键的数目越多，颜色越向红色移动。类胡萝卜素可分为两大类：叶红素类，系烃类化合物，易溶于石油醚，难溶于乙醇。如茄红素等。叶黄素类：系叶红素类的氧化衍生物，多以醇、醛、酸等形式存在，溶于乙醇而不溶于乙醚。如蛋黄色素、隐黄素等。类胡萝卜素在氧气存在下，特别是在光线中易被分解褪色。

人体自身不能合成类胡萝卜素，必须通过外界摄入，但类胡萝卜素在许多植物中含量又较低。类胡萝卜素的作用：a. 对视觉系统的保健。适量的 β-胡萝卜素能促进视紫质达到正常含量，从而避免了缺少维生素 A 对眼睛所造成的损害。此外，还可以预防夜盲症、干眼症、角膜溃疡症以及角膜软化症。b. 对皮肤组织的保健。维生素 A 是维持一切上皮组织完整所必需的，而 β-胡萝卜素能在人体内转化成维生素 A。c. 抵抗不良环境。经常在暗室、强光、高温或深水环境工作的，以及放射线作业者，还有经常看电视的人，都应额外再补充 β-胡萝卜素，以抵抗不良环境对眼睛的伤害。

(3) 其他色素　红色花青素用于口红，作为红色和黄色色素。在干果制造中，常以二氧化硫来防止褐变，它与花青素反应生成磺酸盐来漂白花青素以保持原来的颜色。甜菜类色素，此类色素可分为红色甜菜花青和黄色甜菜黄质，在叶子花属的花中含有甜菜类色素。肌红蛋白为暗红色，失去电子使二价铁变为三价铁而成为褐色的肌红蛋白，生肉和盐腌肉的红色色素 90% 以上来自肌红蛋白，其他为血红蛋白及其衍生物。在烹调中，对原料赋色、增色主要是通过走红、炸水进行。走红主要用于动物原料，在走红过程中通过羰氨反应、焦糖化反应来增色，而对于绿叶蔬菜增色常用焯水方法来防止褐变，同时使蔬菜中的叶绿素变得更加鲜艳、诱人。

5.3.2 调味品

(1) 香料　香料可以单独使用，也可以复配使用，以增加和改善食品的香味。大多数香味添加剂来自天然植物。把植物的花、叶或果实等粉碎后用有机溶剂等萃取,最后得到纯的香精油。

(2) 助鲜剂　味精是我们做菜时常放的一种助鲜剂。但要正确使用,讲究使用方法。

大量摄入味精,会使血液中谷氨酸含量升高,从而限制了二价阳离子钙和镁的循环,可造成短时性头痛、心跳、恶心等不适。成人每天摄取量最好不超过6g,孕妇和孩子少食为好。

味精如果加热过高,大部分的谷氨酸钠变成焦谷氨酸钠,不但失去了鲜味,而且变成含有轻微毒性的物质,所以味精最好待菜或汤煮好盛出时趁热加入。这样既不破坏味精鲜美的特性,而且在一定的热度下,味精迅速溶解在菜里,发出鲜味来。

5.3.3　食品防腐剂

食品防腐剂可防止因微生物的作用而引起食品腐败变质,是延长食品保存期的一种食品添加剂。因此,加工的食品绝大多数加有防腐剂。防腐剂分为无机防腐剂和有机防腐剂两大类,其中无机防腐剂有亚硫酸盐、焦亚硫酸盐及二氧化硫等。但由于使用二氧化硫、亚硫酸盐后残存的 SO_2 能引起严重的过敏反应(主要是呼吸道过敏),故 FAO(Food and Agriculture Organization of the United Nations,联合国粮食及农业组织)于 1986 年禁止在新鲜果蔬中使用无机防腐剂。

(1) 苯甲酸及其盐类　苯甲酸又称安息香酸,因其在水中的溶解度低,而不直接使用,故实际上大多数使用苯甲酸钠、苯甲酸钾两种盐。

苯甲酸钠

根据 FAO/WHO (1994) (WHO 指 World Health Organization,世界卫生组织)的规定,人造奶油、果酱、果冻、酸黄瓜、菠萝汁使用苯甲酸钠的限量为 1.0g/kg(指单用量或与苯甲酸、山梨酸及其盐类以及亚硫酸盐类合用累计量,但亚硫酸盐类含量不超过 500mg/kg)。苯甲酸进入机体后,大部分在 9~15h 内,可与甘氨酸作用生成马尿酸,从尿中排出,剩余部分与葡萄糖化合而解毒。因上述解毒作用是在肝脏内进行的,故含苯甲酸的食品对肝功能衰弱的人群不宜使用。但只要苯甲酸在食品中限量符合 GB 2760—2011 及 FAO/FWO (1984) 标准,可认为对正常人身体无毒害。但要注意,尽量食用含不同防腐剂的食品,以防止出现同种防腐剂的叠加而导致中毒现象发生。

(2) 山梨酸及其盐类　山梨酸(学名为 2,4-己二烯酸、2-丙烯基丙烯酸),是国际粮农组织和卫生组织推荐的高效安全的防腐保鲜剂,它一般用于鱼类食品和蛋糕、酒食品,其盐类常用山梨酸钾,它水溶性好、性能稳定,其抑菌作用和使用范围与山梨酸相同。山梨酸、山梨酸钾都能参加人体正常的新陈代谢,易被分解为 CO_2 和 H_2O 而排出体外,但都要限量使用。

山梨酸

(3) 对羟基苯甲酸酯类 主要使用对羟基苯甲酸酯类中的甲酯、乙酯、丙酯、异丙酯、丁酯、异丁酯、庚酯。其酯随着酯基中碳原子个数的增多,其抗菌作用增强,但同时其水溶性降低,而毒性则相反。因此,经常将对羟基苯甲酸丁酯与对羟基苯甲酸甲酯混用、乙酯对羟基苯甲酸和丙酯对羟基苯甲酸混用,可以提高溶解度,并有增效作用。对羟基苯甲酸酯主要用作化妆品、药品中的防腐剂,有时也会被用在食品添加剂中。对羟基苯甲酸酯有仿雌激素的作用,长期大量服用会有乳腺癌等症状。由于对羟基苯甲酸酯类的酸性和腐蚀性较强,因此,胃酸过多的病人和儿童,不宜食用含此类防腐剂的食品。

以上三类防腐剂对人体的毒性大小为:苯甲酸类＞对羟基苯甲酸酯类＞山梨酸类。山梨酸及其钾盐虽然成本较高,但它是迄今为止常用防腐剂中毒性最低的。从国内外发展动态分析,山梨酸有逐步取代苯甲酸的趋势,但山梨酸在空气中稳定性较差而且易被氧化着色。

5.3.4 非法食品添加剂

很多食品添加剂本身没有营养价值,而且还对人体有害,各国对食品添加剂的使用均有严格的规定。我国食品安全事件绝大多数是由于人为"掺假"造成的,如使用过量的食品添加剂或者使用有毒有害的非法食品添加剂,后者如"三鹿奶粉""红心鸭蛋""毒火腿"等。所涉及的非法食品添加剂主要有以下几类。

(1) 三聚氰胺 2008 年陆续有媒体报道许多婴儿因食用三鹿牌奶粉而患肾结石,并引发严重的营养不良,安徽阜阳出现"大头娃娃"(图 5-1)。蛋白质主要由氨基酸组成,蛋白质平均含氮量为 16% 左右,而三聚氰胺的含氮量为 66% 左右。常用的蛋白质测试方法"凯氏定氮法"是通过测出含氮量乘以 6.25 来估算蛋白质含量,因此牛奶中添加三聚氰胺后会使得牛奶中的蛋白质测试结果虚高。

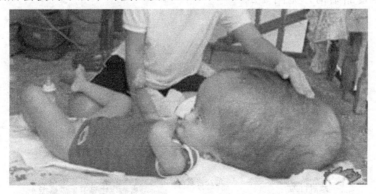

图 5-1 大头娃娃

(2) 苏丹红 是一种含有偶氮结构的工业用染料,具有致癌性。2005 年在某品牌的烤翅等食品中发现。"红心鸭蛋"是用含苏丹红的饲料喂养鸭子后产下的蛋,以冒充白洋淀特产"红心"鸭蛋。

（3）甲醛 甲醛具有防腐保鲜等作用，但食用后可致癌和患白血病。

（4）亚硝酸盐 亚硝酸盐是一种食品添加剂，有防腐和增色的作用。但亚硝酸盐有毒，有致癌性，其中毒症状是头痛、头晕、乏力、胸闷、呕吐、腹泻、抽搐，甚至死亡。

（5）瘦肉精 2008年上海和2009年广州相继发生过食用含瘦肉精的猪肉致人中毒的事件。瘦肉精在人体内存留时间较长，不良反应主要有心率加速、心律失常、肌肉震颤、低血钾等。

（6）硼砂 学名为十水四硼酸钠，可作为消毒剂、保鲜防腐剂、软水剂等，食品中添加后起防腐、增加弹性和膨胀等作用。如在一些非法的沙琪玛中加有较多量的硼砂，食用后会引起食欲减退、呕吐、腹泻、红斑、休克等症状。

 食品安全

食品安全学是研究食物对人体健康危害的风险和保障食物无危害风险的一门科学，也是食品科学的一个分支，是20世纪70年代以来发展的一门新兴学科。

5.4.1 食品污染及预防

（1）污染食品的有害因素的划分 按性质分为生物性、化学性、物理性；按来源分为内源性（部分化学性）、外源性（生物性，化学性，物理性）。

（2）食物中毒预防 ①防止食品被细菌污染 严格家畜、家禽的屠宰卫生要求；防止被感染或污染的畜、禽肉进入市场；加强食品在储藏、运输、加工、烹调或销售各个环节卫生管理。②控制繁殖，即烹即食，低温储藏食品。③食品在食用前彻底加热。

（3）食物中毒处理 ①协助医生抢救病人；②紧急上报卫生防疫部门；③封存食品，保护现场；④协助卫生防疫部门采样及处理现场。

我国安全食品结构，见图5-2。

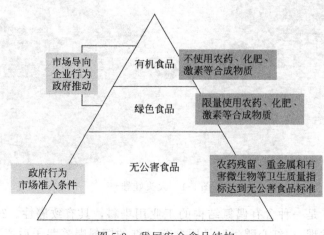

图5-2 我国安全食品结构

5.4.2 食品添加剂

目前我国允许使用的食品添加剂已达 1200 多种。但过量使用非天然的食品添加剂也存在很大的危害。已经证实，有些食品添加剂如过量使用还有致癌、致畸、致突变的作用。

5.4.3 转基因食品

转基因食品是指利用分子生物学手段，将某些生物的基因转移到其他生物物种上，使其出现原物种不具有的性状或产物，以转基因生物为原料加工生产的食品就是转基因食品。转基因与常规的杂交有相似之处，杂交是将整条的基因链（染色体）转移，而转基因是选取最有用的一小段基因转移。

转基因食品虽能解决人口迅速增长带来的对食物大量需求等问题，但其安全性及对生态环境的影响尚存在很大的争议。在转基因食品应用与推广上，安全性应当是排第一位的。

思考题

1. 人类的六大营养素指的是哪些方面？
2. 阅读资料，怎样喝水才是科学的？
3. 无机盐的生理功能主要有哪些？
4. 何谓必需氨基酸？
5. 查阅资料，说说怎样科学合理搭配饮食。
6. 查阅资料，说说食品添加剂的功与过。
7. 查阅资料，说说奶茶是否是由牛奶与茶配成的。
8. 查阅资料，了解转基因食品的安全性。

Chapter 06

第 6 章
化学与日常生活

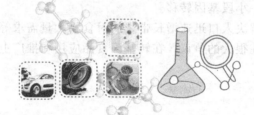

6.1 洗涤用品

6.2 化妆品

6.3 服装

我们生活的世界到处都充满了千奇百怪的化学现象，有些现象我们无从探寻，因为它们过于深奥、艰涩。但有些现象却时时出现在我们的日常生活中，并且还处处影响着我们，对于它们的研究就很有意义，有助于更好地了解生活、体验生活，并提高我们的生活水平，比如洗涤用品、化妆品和服装等（图 6-1）。

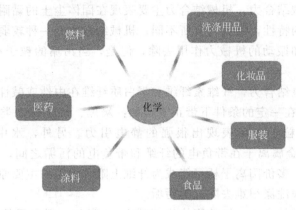

图 6-1 化学与日常生活

6.1 洗涤用品

洗涤是指从被洗涤对象中除去不需要的成分并达到某种目的的过程。通常意义是指从载体表面去除污垢从而使物体表面洁净的过程。根据污垢的特性，可将其分为三类（图 6-2）。

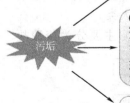

(1) 油性污垢　这是织物污垢的主要成分，这类污垢大都是油溶性的液体或半固体，主要有动植物油脂、脂肪醇、胆固醇、矿物质及其氧化物。这类污垢的表面张力比较低，对织物的黏附比较牢固，且不溶于水，易吸附其他污染，一般不易除去。但它们都能溶于某些醚类、醇类、烃类等有机溶剂中，有些可以用有机溶剂除去。动植物油脂也可以被碱性溶液皂化除去。最常用的方法是利用洗涤剂的乳化、分散作用而除去。如动植物油脂等，它们不溶于水，且对衣物、皮肤黏附比较牢固

(2) 固体污垢　这类污垢属于不溶性污垢如尘埃、泥土、烟灰、水泥、皮屑、金属氧化物、石灰等，它们颗粒很小，直径大致在 1～20μm，一般带负电荷，也有的带正电，可以用机械的力量把它们除去。但在水中加入了合成洗涤剂之后通过洗涤剂分子的吸附、胶溶等作用，可以使它们分散、悬浮在水中

(3) 水溶性污垢　这类污垢大都来自人体分泌物或食品等，可溶于水或与水混合形成胶状溶液，如糖、淀粉、有机酸、蛋白质和无机盐等

图 6-2 污垢的分类

图 6-2 中这些污垢，往往不是单纯地黏附在织物上，而是互相联结形成一个复合体，还会随着时间的延长和受到外界条件的影响发生氧化反应，或受到微生物的作用而破坏，产生更为复杂的化合物，如糖、果汁、血等。

根据污垢与衣物和皮肤的结合力，可将其分为以下三类。

第一种力是机械结合力，机械结合力主要表现在固体尘土的黏附现象上，依织物的细度、纹状及纤维的特性，结合力有所不同，机械结合力是一种较弱的力，以此力结合的污垢可通过搅动和振动的机械力作用去除，但是，当污垢的粒子小于 $0.1\mu m$ 时，就很难洗掉。

第二种力是静电结合力，纤维素纤维和蛋白质纤维在中性或碱性溶液中带负电（静电），有些固体粒子在一定的条件下带正电，如：炭黑、氧化铁之类的污垢，带负电的纤维对这些带正电粒子污垢表现出很强的静电引力。另外，水中的 Ca^{2+}、Mg^{2+}、Fe^{3+}、Al^{3+} 等多价金属离子在带负电的纤维和带负电的污垢之间，可以形成所谓多价的阳离子桥，有时，多价阳离子桥可能成为纤维上附着污垢的主要原因。静电结合力比机械结合力强，一般洗涤很难去除此类污垢。

第三种力是化学结合力，极性固体物（黏土）、脂肪、蛋白质等污垢与纤维素的羟基之间通过形成氢键和离子键而附着在织物上，需要特殊的化学处理使之分解、去除。洗涤剂新配方研究及新型洗衣机设计的目的是减弱织物和污垢的结合力，从而达到更好的清洁效果。

因此要使污垢与被污物有效分离，应从消除两者间的结合力入手，洗涤用品在这方面显示了它独特的功能。

6.1.1 表面活性剂的基本性质

(1) 表面活性剂的分类　表面活性剂分子的一端是一个较长的烃链，能溶于油不溶于水，是憎水性的，称为憎水基或亲油基；分子的另一端是较短的极性基团，能溶于水而不溶于油，称为憎油基或亲水基。

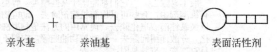

按分子结构中亲水基团的带电性，表面活性剂分子可分为阴离子表面活性剂、阳离子表面活性剂、非离子表面活性剂和两性表面活性剂 4 大类。

① 阴离子表面活性剂　阴离子表面活性剂（图 6-3）主要分为羧酸盐、硫酸酯盐、

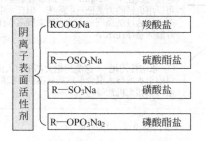

图 6-3　阴离子表面活性剂

磺酸盐和磷酸酯盐 4 大类，具有较好的去污、发泡、分散、乳化、润湿等特性，广泛用作洗涤剂、起泡剂、润湿剂、乳化剂和分散剂，产量占表面活性剂的首位。

② 阳离子表面活性剂　工业上所用的阳离子表面活性剂（图 6-4）都是有机氮化合物的衍生物。如胺盐型和季铵盐型阳离子表面活性剂。阳离子表面活性剂很少用于洗涤，主要用作抗静电剂、织物柔软剂等。

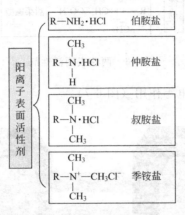

图 6-4　阳离子表面活性剂

③ 非离子表面活性剂　非离子表面活性剂（图 6-5）主要有脂肪醇聚氧乙烯醚、烷基酚聚氧乙烯醚和脂肪酸烷醇酰胺。非离子表面活性剂在水中不电离。其除油污的能力很强，而且具有防止污垢在合成纤维表面再沉积的能力。

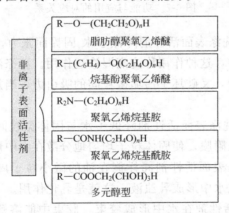

图 6-5　非离子表面活性剂

④ 两性表面活性剂　两性表面活性剂（图 6-6）主要有甜菜碱衍生物、咪唑啉衍生物。两性表面活性剂不刺激皮肤和眼睛，在相当宽的 pH 范围内具有良好的表面活性作用，可以与其他表面活性剂兼容，用作洗涤剂、乳化剂、润湿剂、发泡剂、柔软剂和抗静电剂。

(2) 表面活性剂的基本性质　表面活性剂是一种两亲分子，当它在溶液中以很低的浓度溶解分散时，优先地吸附在溶液的表面或其他界面上，使表面或界面张力显著降低，改变体系的界面状态，当其达到一定浓度时，在溶液中缔合成胶团。它直接地产生湿润或反湿润、乳化或破乳、发泡或消泡、分散、加溶和洗涤作用，间接地产生平滑、

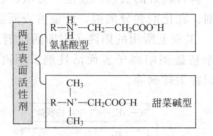

图 6-6　两性表面活性剂

匀染、杀菌、防锈和消除静电等作用（图 6-7）。

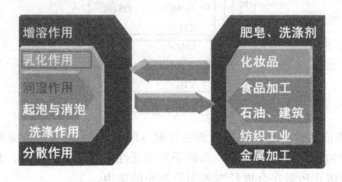

图 6-7　功能与应用的对应关系

① 润湿渗透作用　洗涤表面活性剂降低了水-固界面张力，使水溶液吸附扩散到固体表面，并渗透到物体中，这种作用称为润湿渗透作用。洗涤液的润湿渗透作用既破坏了衣物和污垢间的吸引力，又破坏了污垢微粒间的吸引力，当加以适当外力时可把污垢粉碎成细小粒子。

② 分散乳化作用　洗涤表面活性剂降低了水与固体微粒间的界面张力，并在固体微粒间形成一层亲水的吸附膜，使固体粒子均匀地分散在水中形成分散液，这就是表面活性剂的分散作用。洗涤表面活性剂同样能在油的微小粒子周围形成一层亲水的吸附膜，使油滴均匀地分散在水中形成乳浊液，这就是乳化作用。

③ 增溶作用　表面活性剂在水中形成胶束，胶束中能溶解油性物质，使油性物质的溶解度增加，这就是表面活性剂的增溶作用。

④ 起泡作用　洗涤表面活性剂降低了水-空气的界面张力，空气分散在水中形成泡沫，这是表面活性剂的起泡作用。泡沫能将已分散的污垢聚集并带到溶液表面。

6.1.2　洗涤助剂

把本身没有明显洗涤能力但是添加在洗涤剂配方中却可以使表面活性剂的洗涤去污能力得到提高的物质叫洗涤助剂或助洗剂。洗涤助剂成分与去污力的增加率见表 6-1。

表 6-1 洗涤助剂成分与去污力的增加率

烷基苯磺酸盐 /%	Na_2SO_4 /%	Na_2CO_3 /%	$2Na_2O \cdot SiO_2$ /%	$Na_4P_2O_7$ /%	去污力的增加率 /%
40	60				16.5
40	20	40			18.0
40	20		40		34.0
40	20		20	20	41.0
40	20	20		20	42.0

洗涤助剂主要有以下的作用：
① 增强表面活性，增加污垢的分散、乳化、增溶，防止污垢再沉积。
② 软化硬水，防止表面活性剂水解。
③ 降低对皮肤的刺激性，并对织物起柔软、杀菌、抗静电、整饰等作用。
④ 改善产品外观，赋予产品美丽的外观和优雅的香气。
⑤ 降低产品成本。
洗涤助剂分为无机助剂和有机助剂两大类。
(1) 无机助剂 无机助剂有碳酸盐、磷酸盐、焦磷酸盐、硅酸盐、硼酸盐等无机盐类（图 6-8），这些洗涤助剂可以降低表面活性剂的临界胶束浓度，螯合金属离子使硬水软化，在洗涤剂中加入这些助剂，既能降低表面活性剂的用量，也能很好地发挥洗涤效果，在碱性条件下还能进一步提高洗涤力（表 6-1）。

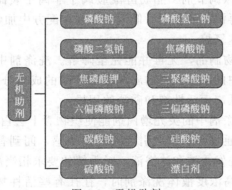

图 6-8 无机助剂

① 磷酸盐（如磷酸三钠、三聚磷酸钠和焦磷酸钾）以传统方法合成的洗衣剂中含有三聚磷酸钠 15%～30%。然而，磷是造成水体富营养化的罪魁祸首，很多国家提出禁磷和限制磷的措施。磷酸盐的替代品主要有有机螯合剂（如 EDTA、柠檬酸盐等）、高分子电解质助剂（如聚丙烯酸盐和人造沸石等）。

② 硅酸钠 通常称为水玻璃或泡花碱，分子式可表示为 $Na_2O \cdot nSiO_2 \cdot xH_2O$，其中 Na_2O、SiO_2 以不同的比例结合，结晶水含量也不同，因此组成的产品性状不同。水玻璃在水溶液中能控制 pH，并能保持产品疏松，有防止结块等作用。

③ 硫酸钠 俗称元明粉、无水芒硝，分子式为 Na_2SO_4。工业用硫酸钠是将粗硝（硫酸钠的 10 水合物并含有其他杂质）精制而得。产品为白色粉末，相对密度 2.698。

熔点884℃。溶液呈中性，无色透明。硫酸钠味咸苦，易溶于水，在33℃左右溶解度最大。

无水硫酸钠在合成洗涤剂工业中是作为洗衣粉的填充剂，在洗衣粉中加入能防止洗衣粉结块等。在粉状洗涤剂中，硫酸钠的加入量为20%～40%。

④ 漂白剂　洗涤剂中加入的漂白剂主要是次氯酸盐（如次氯酸钠）和过酸盐（如过硼酸钠、过碳酸钠）。

（2）有机助剂　有机助剂见图6-9。

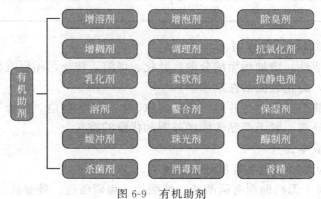

图6-9　有机助剂

① 羧甲基纤维素钠　羧甲基纤维素钠具有携污、增稠、分散、乳化、悬浮和稳定泡沫的作用。

② 泡沫稳定剂和泡沫调节剂　脂肪醇酰胺属于非离子表面活性剂，具有增稠和稳定泡沫、悬浮污垢防止再沉积的作用。低泡洗涤剂在配方中加入了少量泡沫调节剂，常用的有二十二烷酸皂或硅氧烷。

③ 酶　酶是一种生物制品，无毒并能完全降解。洗涤剂中的酶具有专一性。洗涤剂中的复合酶能将污垢中的脂肪、蛋白质等较难去除的成分分解为易溶于水的化合物，提高洗涤效果，并能降低表面活性剂和磷盐的用量。

④ 荧光增白剂　洗涤剂中的荧光增白剂能使织物看上去白色的更白，有色的更艳。

⑤ 香精　香精可以通过分子扩散引起人们的快感，闻到香味感到优雅和舒适。在液体洗涤剂中，尤其是洗发香波和沐浴液，对香精的要求相当严格。

⑥ 助溶剂　在配制高浓度液体洗涤剂时，往往有些活性物质不能完全溶解，加入助溶剂就是为了解决这个问题。常用的助溶剂有乙醇、尿素、聚乙二醇等。

⑦ 溶剂　液体洗涤剂中固然要加入溶剂。在粉状洗涤剂中也加入多种溶剂，有助于油性污垢的去除。常用的溶剂有松油、醇、醚、酯和氯化溶剂。

⑧ 抑菌剂　在许多洗涤剂产品中必须使用抑菌剂，以防止和抑制细菌的生长，保证产品在保质期内不至于腐败变质。凡是易受细菌破坏的产品均应使用杀菌剂。应选用无毒、无刺激、色浅价廉以及配伍性好的杀菌防腐剂。主要有三溴水杨酰苯胺、三氯碳酸苯胺或六氯酚等。用量一般为千分之几，可防止细菌繁殖。

⑨ 抗静电剂和织物柔软剂　在织物液体洗涤剂产品中，柔软剂的比重很大，作用也相当重要，它可以赋予织物膨松、柔软、手感好并且抗静电。对于调理型洗发香波和护发素，柔软剂的作用主要是改善头发的梳理性、抗静电性等。常用阳离子表面活性

剂，如二甲基二氢化牛脂基季铵盐。

# 化妆品

化妆品是以化妆为目的的产品的总称。中国《化妆品卫生监督条例》中给化妆品下的定义是："化妆品是指以涂擦、喷洒或其他类似方法，散布于人体表面任何部位（皮肤、毛发、指甲、口唇等），以达到清洁、消除不良气味、护肤、美容和修饰目的的日用化学工业产品"。

自有史料记载以来，世界各地不同的人们，尽管文化和习俗各有差异和特点，但是都使用各类物质对自己的容貌加以修饰。随着社会的进步和发展，人们更加认识到化妆品对于容颜和保护皮肤的重要作用。化妆品已成为人们日常生活中不可缺少的用品。化妆品按使用目的、使用部位、产品用途、产品形态等有不同的分类方法。

6.2.1 皮肤用化妆品

护肤品中有效保健成分主要有保湿、抗皱、增白、防晒等功能。

（1）保湿 目前保湿护肤品的成分主要有4种。

① 吸湿保湿 主要是多元醇类，如甘油、山梨醇、丙二醇、聚乙二醇等。这类物质具有从周围环境吸收水分的功能，在相对温度高时对皮肤具有很好的保湿效果。

② 水合保湿 这类保湿品的成分主要有胶原质等，有亲水性，它会形成一个网络结构，使游离水变为结合水而不易蒸发损失，达到保湿效果，是各类皮肤、各种季节都可以使用的保湿品。

③ 油脂保湿 如凡士林、高黏度白蜡油、各种酯类油脂等。凡士林在皮肤表面形成一道保湿屏障，使皮肤的水分不易蒸发散失，凡士林可长久附着在皮肤上，不易被冲洗或擦掉，具有很好的保湿功能。但由于过于油腻，只适合于极干的皮肤或干燥的冬季使用。

④ 修复保湿 干燥的皮肤无论用何种保湿护肤品，其效果总是短暂有限的，需要提高对皮肤本身的保护以使保湿功能达到更理想的效果。近年来，在护肤保养品中添加各种维生素（如维生素A、维生素B、维生素C、维生素E等）、植物萃取精华（含有各种天然抗自由基成分、维生素和矿物质）等，以提供辅助修复皮肤细胞的各种功能，增强自身的抵抗力和保护能力。

（2）抗皱防衰有效成分 一般认为，皮肤衰老的特点是皮肤松弛多皱纹、皮下脂肪减少甚至消失、汗腺及皮脂腺萎缩、皮肤干燥、变硬变薄，防御功能下降。抗皱防衰类化妆品的有效营养性成分有以下几类。

① 珍珠类 珍珠中含有24种微量元素及角蛋白肽类等多种成分，可抑制脂褐素的增多，所含钙质可促进体内的三磷酸腺苷酶的活性，从而促进皮肤细胞的新陈代谢。在化妆品中添加珍珠粉或珍珠层粉，可起到护肤养颜和抗衰老的作用。

② 人参类 人参含有多种维生素、激素和酶，能促进蛋白质的合成和毛细血管血

液循环，增强表皮细胞的活力，活化皮肤，起到减少皱纹和减轻色素沉着、延缓皮肤衰老和调理皮肤的作用。

③ 黄芪类　黄芪含有多种氨基酸，能促进皮肤的新陈代谢，提高皮肤的抗病能力。

④ 维生素类　维生素A可防止皮肤干燥、脱屑；维生素C可减弱色素；维生素E能延缓皮肤的衰老。

⑤ 蜂乳类　蜂乳中含有约18种氨基酸，包含了人体生存所必需的氨基酸，这些氨基酸是细胞赖以生成，并使细胞具有无穷生命力的物质基础。

⑥ 花粉类　花粉中含有多种氨基酸、维生素及人体需要的多种元素。

⑦ 水解蛋白类　水解蛋白可与皮肤产生良好的相容性，有利于营养物质渗透到皮肤中，形成一层保护膜，使皮肤细腻光滑，减少皱纹。

⑧ 超氧化物歧化酶（SOD）　人体内的自由基对细胞有很大的损害，超氧化物歧化酶是俘获自由基的能手，调节体内的氧化代谢功能，可以防止皱纹、色素的产生。

⑨ 雌性激素　雌性激素是皮肤细腻光滑的原因之一。有些抗皱化妆品中添加有少量的雌性激素。因此，这类化妆品不适合男士使用。

(3) 增白的有效成分　黑色素是肌肤自我保护的重要因素，肤色一般无法改变，美白成分有许多限制。依据皮肤的美白机理，新开发的祛斑美白剂类型较多，有化学药剂、生化药剂、中草药和动物蛋白提取物等，可用于化妆品的祛斑美白剂包括：动物蛋白提取物、中草药提取物、维生素类、壬二酸类、曲酸及其衍生物、熊果苷等。

增白化妆品是化妆品中用量最大的一类。目前有4种美白成分是公认合格的：维生素C磷酸镁复合物、胎盘素、维生素糖苷和熊果素。

汞虽能使皮肤在短期内变得白皙透明，但易造成汞中毒，是禁止作为增白成分的。不正规美容院有时会偷偷使用医用淡斑成分对苯二酚，易造成接触性皮炎，甚至由于过度漂白而导致蓝灰色的色素沉淀。

(4) 防晒的有效成分　防晒类化妆品分为物理性紫外线屏蔽剂和化学性紫外线吸收剂两种。

物理性紫外线屏蔽剂也称无机防晒剂，这类物质不吸收紫外线，但能反射、散射紫外线，用于皮肤上可起到物理屏蔽作用，如二氧化钛、氧化锌、高岭土、滑石粉、氧化钛等。其中二氧化钛和氧化锌已经被美国FDA列为批准使用的防晒剂清单之中，最高配方中用量均为25%。

化学性紫外线吸收剂是以高级脂肪酸或高级脂肪醇的酒精及水溶液外加对氨基苯甲酸等为有效成分吸收紫外线的制剂。

阳光中的紫外线根据波长的不同可以分为4种射线，分别是紫外线UVA、UVB、UVC和UVD，越是长波射线越能对人体肌肤健康产生影响，一般来说，人体肌肤需要防护的紫外线为UVA和UVB。UVC不能到达地面，因为它在通过臭氧层时已被吸收。

防护UVA的防晒指数以PA或者PPD表示，防护UVB的防晒系数以SPF（Sun Protection Factor）表示。

① PA与PPD　UVA是长波紫外线，分为UVA-1（360～400nm）和UVA-2（320～360nm），约占10%～20%，只要是白天，UVA就存在，可以穿透大部分云层、

玻璃，直达肌肤真皮层。因此，即便是阴天下雨，UVA射线也不会减少。它能使皮肤里结合水的透明质酸含量减少，令皮肤干燥，加速黑色素形成，使肤色变黑，到达肌肤真皮层后，可以破坏肌肤真皮层的胶原纤维和弹性纤维，导致肌肤出现皱纹和衰老，同时也是引起皮肤癌的重要原因。

防晒系数PA是测量防晒品对阳光中紫外线UVA的防御能力的检测指数。PA是日本化妆品工业联合会公布的"UVA防止效果测定法标准"，是目前日系商品中被采用最广的标准，防御效果被区分为三级，即PA＋、PA＋＋、PA＋＋＋，PA＋表示有效、PA＋＋表示相当有效、PA＋＋＋表示非常有效。

PPD是欧美系统采用的，指延长皮肤被UVA晒黑时间的倍数。一般肌肤被紫外线UVA照射2h后，皮肤仍然持续地晒黑，使用PPD2的防晒品，可以有效防护UVA长达2h，以此类推，是最符合实际防止黑斑产生的保护系数。相应地，PA＋＝PPD 2～4，PA＋＋＝PPD 4～8，PA＋＋＋＝PPD＞8。也就是说PA＋可以防护紫外线UVA 2～4h，其余依此类推。

② SPF 皮肤在日晒后发红，医学上称为"红斑症"，这是皮肤对日晒作出的最轻微的反应。最低红斑剂量，是皮肤出现红斑的最短日晒时间。使用防晒用品后，皮肤的最低红斑剂量会增长，那么该防晒用品的防晒系数SPF则如下。

SPF＝最低红斑剂量(用防晒用品后)/最低红斑剂量(用防晒用品前)

SPF防晒系数的数值适用于每一个人，其计算方法是：假设紫外线的强度不会因时间改变，一个没有任何防晒措施的人如果待在阳光下20min后皮肤会变红，当他采用SPF15的防晒品时，表示可延长15倍的时间，也就是在300min后皮肤才会被晒红。

很多人在购买防晒品时，总以为防晒系数越高就越好，其实防晒系数只是一个参考数字，实际上还必须依照个人的肤质、日晒反应、皮肤色泽、活动状况及流汗状况来考量。以东方人的肤质来说，日常防护可选用SPF10～SPF15的防晒品；如果从事游泳、打球等户外休闲活动，SPF20就足以抵抗紫外线的伤害，而不会给肌肤造成负担。因为SPF15表示可以阻隔93.3％的UVB；就算是SPF30，也只是阻隔96.6％的UVB，差异并不大。但是，SPF值越大，其通透性越差，比较油腻、厚重，会妨碍皮肤的正常分泌与呼吸，容易产生阻塞毛孔的现象，甚至滋生暗疮和粉刺。而且一些高防晒系数防晒品，在经过长波紫外线的照射，吸收热能后，多半会转换成其他物质，导致肌肤出现过敏的现象。根据皮肤医学专家的研究，我们在购买防晒产品时，一定要仔细阅读说明书，选择适当防晒系数（SPF值）的产品，还要搞清该产品有无防UVA的功能，这样，您才能买到所需要的产品。

6.2.2 洁发、护发、美发用化妆品

（1）洁发 洁发用品主要是由一些温和的表面活性剂和其他辅料构成的，不但可洗去发垢和头屑，还可使之柔顺、便于梳理。

① 乳状液香波 主要成分为表面活性剂（如脂肪醇盐、脂肪醇硫酸盐、聚氧乙烯脂肪醇醚硫酸盐等）、稳泡剂（脂肪酸醇酰胺）、甘油或丙二醇的蛋白质衍生物以及羊毛脂等。

② 营养香波 在乳状液香波中加入人参或其他中草药，如维生素和卵磷脂等。

③ 去头屑香波　在一般香波中添加硫化物及杀菌剂。

④ 婴儿香波　用无刺激性的两性咪唑啉表面活性剂。

(2) 护发　正常头发和头皮有一层油脂，可防止头发水分蒸发损失、发脆和头皮干枯产生头屑。在洗发后，这一层油脂会不同程度地被洗去。因此，洗发后需用护发品。护发品的基质均为油类。现在有爽发膏、护发素和护发水。爽发膏主要成分为聚氧乙烯羊毛醇醚及高级醇，适于油性头发。新型护发素主要成分为阳离子表面活性剂及羊毛脂、甘油，可吸附于头发和头皮表面，形成单分子膜，抑制静电发生，使头发易于梳理。护发水主要含乙醇、甘油、脂肪醇合成酯等，干后在头发上形成均匀的油膜，使头发柔软，有良好的保护作用。

(3) 美发　主要包括生发剂、烫发剂、染发剂和固发剂4类。

① 生发剂　用于医治秃发，主要成分有刺激剂（如盐酸奎宁、生姜、大蒜提取汁等），对毛根有刺激作用，改善血液循环；杀菌剂（如樟脑、水杨酸等）；营养剂（如人参汁、胎盘组织提取液等），可加强发根营养，使头发不易脱落。

② 烫发剂　烫发剂分两类，热烫是以 Na_2CO_3 或 $NaOH$ 为软化及膨胀剂，亚硫酸钠为卷曲剂，在100℃下头发卷成波纹状。冷烫则是用巯基乙酸的稀氨水溶液切断头发角朊分子间的二硫键，使头发卷曲，再以氧化剂（如溴酸钾、过硼酸钠、双氧水等）将打开的键再接上。

③ 染发剂　主要分暂时性、半永久性和永久性染发剂3种。

暂时性染发剂主要用于演员化妆，常用三苯甲烷类、醌亚胺类或钴、铬的有色配合物，能在头发上沉积但不会进入头发内部，经一次洗涤即可除去。半永久性染料用对毛发角质亲和性大的低分子染料如硝基氨基苯酚等，在染色过程中不使用氧化剂，染料可渗入毛发皮质，可耐6～10次洗涤。永久性染发剂主要使用因氧化而染色的染料，又称氧化性染发剂、合成染发剂。氧化染发的过程一般是染料（如邻苯二胺等）在氧化剂（如过氧化氢）的作用下发生一系列氧化和缩合反应，生成亚胺，亚胺再与成色剂（间苯二酚等）反应，生成茚达染料。过氧化氢对头发的色素具有良好的脱色作用，可使头发天然颜色淡化，从而使茚达染料的颜色渗透到头发的纤维内层，产生染色效果。

合成染发剂中均含有对苯二胺类物质，是医学界公认的致癌凶手，特别容易通过头皮的毛细血管进入人体中，不仅非常容易过敏，而且染发剂会到达骨髓，长期反复作用于造血干细胞，可诱发白血病。

$H_2N-\text{〇}-NH_2$
对苯二胺（能把头发染成黑色）

$H_2N-\text{〇}(SO_3H)-NH_2$
对苯二胺磺酸（能把头发染成淡黄色）

无机染发剂主要含铅、铁、铜等离子，易产生铅中毒。

从天然植物中提取的植物染发剂，是目前正在研究的新型染发剂，还处于研究阶段。

④ 固发剂　由硝化纤维、酯及丙酮混合而成，用时喷雾，溶剂挥发后在头发上留下一层膜使发型固定。

美发时应注意的饮食见图 6-10。

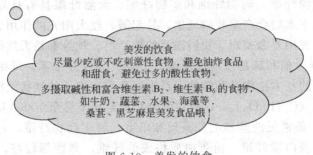

图 6-10 美发的饮食

 **服装**

6.3.1 服装面料

服装的原料具体来说就是纤维。纤维的种类众多，性质各不相同。但基本可分为两大类：天然纤维和化学纤维，见图 6-11。

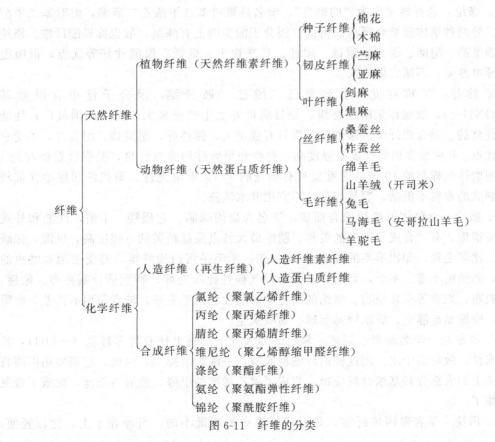

图 6-11 纤维的分类

(1) 天然纤维　天然纤维是指自然界里有的，或从人工培养的动物中直接获得的纺织纤维，可分为植物纤维、动物纤维和矿物纤维。天然纤维具有良好的吸湿性，手感好，穿着舒适，但下水后会产生收缩现象，易起皱。经太阳光的作用会质地变脆，颜色发黄，强力下降，使用寿命缩短。我们熟悉的棉、毛、丝等都是天然纤维。

① 植物性纤维　棉和麻是植物性纤维，主要成分为纤维素。纤维素是自然界中分布最广的多糖，它的基本结构是葡萄糖。纤维素分子有极长的链状结构，属线型高分子化合物，其分子式（$C_6H_{10}O_5$）$_n$，n 的数值为几百至几千甚至 10000 以上。

② 动物纤维　最常见的丝和毛是蚕丝和羊毛，属于动物纤维，它们的主要成分是蛋白质，通常称为蛋白质纤维。由蛋白质构成的纤维，弹性都较好，织物不易产生折皱，它们不怕酸的侵蚀，但碱对它们的腐蚀性很大。

(2) 化学纤维　化学纤维是用天然或合成的高聚物为原料，经一定的方法制造出来的纺织纤维。如人造棉、人造丝、人造毛、涤纶、锦纶、丙纶等。化学纤维可分为人造纤维和合成纤维。

① 人造纤维　人造纤维是指以天然高聚物（如木材、甘蔗渣或动物纤维等）为原料，经一定加工纺丝所得的纤维。人造纤维有吸水性大、染色好、手感柔软的特点，但易起皱、易变形、不耐磨。

② 合成纤维　合成纤维是以石油、煤、天然气及一些农副产品为原料，经合成高聚物再纺丝所成的纤维。合成纤维强度高，耐磨，但吸水性小。

a. 涤纶：老百姓又称为"的确良"，学名是聚对苯二甲酸乙二醇酯，由对苯二甲酸和乙二醇两种单体经缩合反应而得的，因分子的主链上有酯基，故也称聚酯纤维。涤纶具有强度高、耐磨、耐光、耐蚀、耐蛀、易洗快干、挺括、保型性好等优点，但吸湿性、导电性差，不适宜做内衣。

b. 锦纶：又称尼龙，学名聚己二酰己二胺纤维，因分子链中含酰胺基（—CONH—），故也称聚酰胺纤维，是目前世界上生产量最大、应用范围最广、性能比较优良的一类合成纤维。聚酰胺纤维具有强度大，弹性好，耐摩擦，耐腐蚀，不受虫蛀等优点。其中最突出的性能是强度高，弹性和耐磨性均非常优良，其强度是棉花的 7 倍，耐磨性是棉花的 10 倍，而重量只有棉花的 1/3。但耐光性、耐热性和保型性都较差，制成的衣料不挺括，容易变形，不宜用开水洗涤。

c. 腈纶：由单体丙烯腈聚合而成，学名为聚丙烯腈。它质轻、丰满、性能和外观与羊毛很像，有"合成羊毛"的美称。腈纶最大特点是蓬松柔软，强度高，抗湿，保暖性好，比羊毛轻，却比羊毛的强度高 2~3 倍；羊毛是蛋白质纤维，易受细菌和蛀虫的破坏，而腈纶不霉、不蛀，其耐日光性和耐气候性比羊毛好，特别适合制幕布、帐篷、军用帆布、炮衣等室外织物。腈纶的耐化学腐蚀性也比羊毛好。缺点是耐磨性差，电阻率大，摩擦易起静电，故织物易起球、易吸灰尘。

d. 维尼纶　学名是聚乙烯醇。聚乙烯醇大分子的链上挂有许多羟基（—OH），具有亲水性，故易溶于水。用这样的纤维做衣服，一洗就溶掉了，因此，它需要用甲醛将分子链上的大部分羟基缩合反应掉，变成了聚乙烯醇缩甲醛，然后再纺丝，就成了维尼纶纤维了。

e. 丙纶　学名聚丙烯纤维，是合成纤维中密度最小的，可浮在水上，比较轻便；

强度和耐磨性与聚酰胺相近；不吸湿、绝缘；做成的消毒纱布不粘连伤口，且可直接高温消毒。吸湿性、可染性差，耐光、耐热性低，日晒后老化现象比较显著。

f. 氯纶 学名聚氯乙烯纤维，是生活中最广泛使用的塑料品种，难燃，保暖，耐晒，耐磨，耐蚀，耐蛀，弹性好。由于染色性差，热收缩大，限制了其应用。改善的办法是与其他纤维品种共聚或与其他纤维进行乳液混合纺丝。

g. 氨纶 氨纶是聚氨基甲酸酯纤维的简称，是一种弹性纤维，简写为 PU。它具有高度弹性，能够拉长 6～7 倍，但随张力的消失能迅速恢复到初始状态，其分子结构为一个链状的、柔软及可伸长性的聚氨基甲酸酯，通过与硬链段连接在一起而增强其特性。弹性纤维分为两类：一类为聚酯链类；另一类为聚醚链类。聚酯类弹性纤维抗氧化、抗油性较强；聚醚类弹性纤维具有防霉性，作用抗洗涤剂较好。为满足舒适性需要，氨纶可用于可以拉伸的服装。如：专业运动服、健身服及锻炼用服装、潜水衣、游泳衣、比赛用泳衣、篮球服、紧身裤、连体衣、外科手术用防护衣等。

（3）新型面料 随着生活水平的不断改善，人们对服装的要求也进一步提高，从御寒蔽体、美观舒适，逐渐向安全卫生、保健强身转变。因此也出现了一些新功能、多功能和高功能的面料。

新型纺织品有：

① 棉织品

a. 彩色棉 以棕色、绿色为基色，现在正在逐步开发蓝色、紫色、灰红色、褐色等色彩。这种材料的衣服舒适、抗静电、透汗性好。

b. 生态棉 一种超微细丙纶熔喷纤维，一般作为服装或棉被等的保暖层，具有轻、薄、软、暖、透气、透湿等特性。

c. 免烫棉 这种面料做的衬衫具有免烫、防缩、保型性好等优点。

d. 丝光棉 这种面料做的衣服穿着轻软，光滑舒适。

② 麻织物

a. 新型麻 柔软、光泽好、抗折皱、防微生物性良好，春秋时装及运动装最佳衣料。

b. 保健麻 防霉、防臭、活血降压。

③ 毛织物

a. 凉爽羊毛 通过羊毛脱鳞技术，使得该面料光滑、不扎人、手感柔软。

b. 羊毛仿真丝绸 通过陶瓷加工技术，使得该面料光滑、冰爽、舒适。

④ 丝织物

a. 防缩免烫真丝绸 抗皱、防缩、免烫。

b. 蓬松真丝绸 好的蓬松性、毛型感、手感柔软、丰满，抗皱性、弹性良好。

（4）功能保健材料

① 保健型服装材料 微元生化纤维、远红外纤维。

② 舒适型服装材料 甲壳质吸湿材料、新型保暖内衣和衬衫材料、"凉爽棉"。

③ 新型服装纤维材料

a. 超细纤维 后加工性能好，可制成高密防水透气产品，有芯吸作用，覆盖性好，光泽柔和、手感柔软，垂感好。

b. Lyocell (Tencel) 纤维 保持了传统再生纤维素纤维染色性好、垂感优良等优点外，克服了传统再生纤维湿态性能差的缺点；强度与涤纶接近，但有良好的吸湿性、染色性及生物降解性；容易原纤化，被誉为"21世纪的绿色纤维"。

c. 大豆蛋白纤维 物理机械性能好、耐酸耐碱性强、吸湿导湿性好、羊绒般的柔软手感、明显的抑菌功能、良好的亲肤性、棉的保暖性、蚕丝般的柔和光泽，有"新世纪的健康舒适纤维"之美誉。不过，大豆蛋白纤维的成本较高，比棉花高出很多。

d. 复合纤维 高蓬松性、抗静电性、三维立体卷曲、导电性、毛型感、覆盖性、阻燃性，有聚合物"合金"之称。

e. 吸湿排汗纤维 达到吸湿排汗功能可以采用的方法：纤维截面异形化、纤维表面化学改性、亲水剂整理、采用多层织物结构。

f. 聚乳酸纤维 原料来自于天然植物，容易生物降解。有较好的亲水性、毛细管效应和水的扩散性。手感柔软，防紫外线，折射率低，染色制品显色性好。

6.3.2　服装中常见的有害物质及防护

人们为了使服装挺括漂亮、色彩绚丽，不起皱、防霉、防蛀、防火等，通常在服装的生产加工和保存过程中添加或使用各种化学品，如纤维整理剂、防火阻燃剂、杀菌剂、干洗剂、防霉防菌剂和染料等，使其满足人们的需要。如不加注意，这些化学品就可能对人体产生危害（图 6-12）。

图 6-12　衣服中的有害物质

（1）甲醛　甲醛与纤维素羟基结合，以提高印染助剂在织物上的耐久性，起固色、耐久、黏合等作用。对人体（或生物）细胞的原生质有害，可与人体的蛋白质结合，改变蛋白质内部结构并使之凝固，从而具有杀生力。

甲醛主要来源于廉价的染料和助剂，因此尽量不要购买进行过抗皱处理的服装；尽量选择小图案的衣服，而且图案上的印花不要很硬；不要购买漂白过的服装。为婴幼儿购买服装最好选择浅色的。

防止衣服缩水添加的甲醛树脂，遇到温湿的环境会慢慢释放游离甲醛，对人体皮肤有较强烈的刺激作用。患者可出现躯体四肢瘙痒、肿胀、起风团、红疹、疱疹，或有烧灼样疼痛等皮肤过敏现象，女性可出现白带增多、外阴奇痒、湿疹或尿频、尿急、尿痛等刺激症状。

甲醛易溶于水，服装特别是内衣在买回家后，最好先用清水进行充分漂洗晾干后再穿。

(2) 致癌偶氮染料　偶氮染料主要用于各种纤维染色和印花。偶氮类染料与人体长期接触，与人体中正常代谢所释放的物质（如汗液）混在一起，经还原会释放出 20 多种致癌芳香胺类，可引发膀胱癌、输尿管癌、肾盂癌等恶性肿瘤，它的中间产物苯系可引发白血病。偶氮染料不溶于水，也洗不掉。在国家禁止使用的 23 种可致癌的芳香胺中，以 2-萘胺和联苯胺的致癌性最强。如联苯胺可导致膀胱癌和输尿管癌，并且潜伏期可以长达 20 年。医学调查的结果显示，常接触联苯胺的人的膀胱癌的发病率是正常人群的 28 倍。危害性大于甲醛。

(3) 残留的重金属　残留在服装染料中的重金属离子，可通过皮肤进入人体，积聚在肝脏、骨骼、肾、脑等部位，对人体健康产生不良影响。其主要来源渠道有：使用金属络合染料、天然植物纤维在生长加工过程中从土壤或空气中吸收、在染料加工和纺织品印染加工过程中带入。

(4) 农药　其主要来源是植物生长过程中喷洒的农药，其自然降解过程十分缓慢，通过皮肤在人体内积累而危害健康，具有相当的生物毒性。

(5) 五氯苯酚（PCP）防腐剂　其主要来源是棉纤维和羊毛的储运，印花浆增稠剂、某些分散剂或杀虫剂中也有。该物质具有生物毒性，可造成胎儿畸形并有致癌作用。

(6) 服装危害的防护

① 纺织相关研究院所要重视开发无毒或低毒的绿色化学助剂。

② 纺织企业要关注并遵守相应法律法规，避免在生产加工过程中使用有毒有害助剂；政府职能部门应加大对纺织品安全的宣传和监管力度，提高检查水平和能力，做到出口纺织品和国内纺织品同等质量。

③ 作为消费者，应做到了解化学物质，避免使用或接触有害物质；正确使用，购买合格产品；发生问题，及时治疗。

6.3.3　服装的洗涤

(1) 洗涤剂的化学组分　常用的洗涤剂是十二烷基苯磺酸钠，再配以硫酸钠、硅酸钠、三聚磷酸钠、羧甲基纤维等添加剂。有的还加入分解酶类，如淀粉酶用作洗涤餐具的洗涤剂的添加剂，而蛋白酶对洗涤血渍、乳汁等的效果好，脂肪酶和果胶酶则分别用于除去各种油迹和果汁迹。

烷基通常以 12 个碳为好，烷基过多，油溶性太强，水溶性减弱；烷基太少，油溶性又会减弱，水溶性增强，这都会影响洗涤效果。

(2) 几种污渍的去除方法

① 胶类及胶性色素渍的去除方法　衣物上沾染了胶类及胶性色素渍，很难去除，只有用适合的方法才能除去。

a. 万能胶渍的去除　衣物上沾染了万能胶渍，可用丙酮或香蕉水滴在胶渍上，浸润后再用刷子不断地反复刷洗，待胶渍变软从织物上脱下后，再用清水漂洗。一次不成，可反复刷洗数次。含醋酸纤维织物切勿用此法，以免损伤衣物面料。

b. 白乳胶渍的去除　白乳胶是一种合成树脂——聚醋酸乙烯乳浆。特点是除了尼龙绸之类以外，对绝大多数纤维素质材料均有粘接作用，故能牢固地黏附在衣物上。可用60℃白酒或8∶2酒精（95％）与水的混合液浸泡衣物上的白乳胶渍，大约浸泡半个小时后，就可以用水搓洗，直至洗净为止，最后再用清水漂洗。

c. 口香糖胶渍的去除　衣物上粘了口香糖胶渍，可先用生鸡蛋清去除衣物表面上的黏胶，再将松散残余的粒点逐一擦去，然后放入肥皂液中洗涤，最后用清水漂净。如果是不能水洗的衣料可用四氯化碳涂抹，以除去残留污液。

d. 胶水渍的去除　衣物上沾染了胶水之类的污渍，可将衣物污染处浸泡在温水中，当污渍被水溶解后，再用手揉搓，直到污渍全部搓掉为止，然后用温洗涤液洗一遍，最后用清水冲净。

e. 水彩渍的去除　绘画用的水彩为了增加着色的牢度，颜料中加入了适量的水溶性胶质。当衣物沾染上了水彩渍，首先要用热水把污渍中的胶质溶解去除，再用洗涤剂或淡氨水脱色，最后用清水漂净。

② 衣物血斑清洗法　血斑污迹在生活中较为常见，出现机会也较多。清洗方法如下：

a. 新鲜血迹　任何织物上的新鲜血液，都可使用水洗去除。洗涤时应先用干净的冷水洗，再用肥皂水或洗衣粉洗。如用热水洗，不仅达不到清除的目的，因血凝固还会在衣服上留下洗不掉的痕迹。

b. 衣物上较陈旧的血迹　可用硼砂2份、浓度10％氨水1份和水20份的混合液揩擦，待血斑去除后，再用清水漂洗干净。陈旧血渍还可以用柠檬汁加盐水来洗。

c. 考究的染色丝毛织品服装上的血迹　其上的血迹可采用淀粉加水熬成糨糊，调好后用糨糊涂抹在血斑上，让其干燥。待全干后，将淀粉刮下。然后先用肥皂水洗，再用干净清水漂洗，最后用醋15g兑水1L制成的醋液清洗。

d. 白色服装上的血斑　可用硫代硫酸钠1份加水50份稀释溶解后加热至35℃，把白色衣物浸入此热液中泡至血色消失，再用水洗涤。当白色服装上的血斑较陈旧，且因已经煮过而牢固地黏附在衣物上时，可以用"褪色灵"去除。还可采用浓度5％焙烧苏打溶液或氨水浸渍，泡上一整夜后取出，再将血斑用漂白粉溶液浸湿（漂白粉1份、水10份），再用水仔细地漂清。去除白色织物上的血迹，也可将织物浸入浓度为3％醋溶液中，放置12h后，再用水漂清，效果也很好。

③ 衣物上酱油、汤汁、调味汁、乳汁斑痕的清洗

a. 衣服上新鲜酱油渍　应先用冷水搓洗后，再用洗涤剂洗。衣服上的陈旧酱油渍可在洗涤剂溶液里加入适量氨水进行清洗，也可以用2％硼砂溶液来清洗，最后用清水漂洗。

b. 服装上的汤汁、调味汁、乳汁斑痕　宜先用汽油揩擦，待斑痕上的油脂去掉后再用浓度10％氨水1份与水5份配成的稀溶液进行清洗，再用水仔细洗涤。

c. 颜色鲜艳的毛织品、丝织品上的汤汁、调味汁、乳汁斑痕　应使用35℃的热甘油浸润斑痕，再用刷子轻轻揩擦，待过15min后，用棉球或布块蘸25～30℃的温水揩洗。还可用甘油20份与浓度10％氨水1份配制成的混合液去除。

d. 衣服上的一般性汤汁、调味汁、乳汁斑痕　可用丙酮润湿后，再用软布擦洗，

然后用浓度 2％氨水溶液洗净，最后用清水过几遍，直至洗净为止。

④ 去除衣物上的霉迹　衣物生霉在家庭中较为普通，特别是梅雨季节。霉斑洗除方法如下：

　　a. 服装上极难清洗的霉斑　应使用 35~60℃ 的热双氧水溶液或者漂白粉溶液擦拭，再用水漂洗干净。

　　b. 棉麻织品上的霉斑　先用氨水 20g 兑 1L 水的稀释液浸渍，然后用水漂洗干净。

　　c. 丝毛织品上的霉斑　应使用棉球蘸松节油擦洗，再用太阳晒去除潮气。

⑤ 去除呕吐污迹　呕吐常见于晕车（晕船、晕飞机），生病或酒醉时。呕吐污迹的清洗方法如下：

　　a. 若是一般性的呕吐污迹，则先用汽油去除污迹中的油腻成分，再用浓度为 5％的氨水溶液擦拭，然后用清水漂洗。

　　b. 若是陈旧的呕吐污迹，先准备好浓度为 10％的氨水溶液，再用棉球蘸取氨水溶液将呕吐污迹湿润，接着用酒精、肥皂水揩擦呕吐污迹，最后用清水漂洗，直至全部洗净。

⑥ 油脂类污渍的去除方法　油脂类污渍通称为油渍，一种不溶于水的污渍。这类污渍要用汽油、三氯乙烯、四氯乙烯、酒精、四氯化碳丙酮、香蕉水、松节油、苯等有机溶剂，通过擦拭或刷洗等方法把油渍从衣物上去除。

⑦ 色素污渍的去除方法　色素污渍多种多样，一旦沾染到衣物上就很难去掉，要根据污渍的颜色和性质，分别采用不同的方法去除。

　　a. 染料渍的去除　染料弄到衣物上，可先用稀醋酸擦拭，然后再用双氧水漂洗。也可以用松节油刷洗后，再用汽油擦拭。最后用清水漂净。

　　b. 红墨水渍的去除　新染上的红墨水渍可先水洗，然后放入温热的皂液中浸泡，待色渍去掉后，再用清水漂亮洗干净。污染时间较长的红墨水渍，先用水洗后，再用 10％酒精水溶液擦拭去除。

　　c. 蓝墨水渍的去除　新沾污的蓝墨水渍可用肥皂、洗衣粉等洗涤剂搓洗去除。污染时间较长的蓝墨水渍，可用草酸溶液浸泡后搓洗，再用洗涤剂清洗去除。

　　d. 红药水渍的去除　衣物上染上红药水，先用温热的洗涤剂溶液洗后，接着分别用草酸和高锰酸钾溶液顺次浸泡、搓洗，最后用草酸溶液脱色，再进行水洗，红药水渍即除。

　　e. 紫药水渍的去除　紫药水中的主要成分是从龙胆草中提取出来的，所以紫药水又叫龙胆紫，为常用的外用药剂，沾在衣物上，呈青紫颜色，非常显眼。去除方法是把衣物用水浸泡后，稍加拧干，用棉签蘸上 20％草酸水溶液由里向外涂抹污渍。稍浸片刻后即可用清水反复漂洗、揉搓，污渍便可去除。另外，对一些沾染上紫药水的白色织物，也可先用溶剂酒精除去浮色，再用氧化剂次氯酸钠或双氧水溶液进行漂白处理，经水洗后就能达到预想的效果。

　　f. 黄药水渍的去除　浅色的尤其是白色的衣物洒上了黄药水，首先用醋酸滴在污染处，如见效不大，可放在酒精中洗涤。如果仍不能彻底除掉，就要依据衣物质料纤维性质选用适合的氧化剂，进行去渍或漂白。

　　g. 碘酒渍的去除　衣物染上碘酒，可以选用酒精或碘化钾来去除。100mL 的水中要加5~7g碘化钾,用碘化钾溶液去渍后的衣物一定要用清水漂洗干净。也可把染上碘的衣物放入热水或15%~20%浓度的大苏打(硫代硫酸钠)热溶液中浸泡2h,使污渍彻底溶解而脱离衣物还可以用水淀粉糨糊涂在污渍之处,当污处出现黑色时,再用洗涤剂洗涤,最后漂洗干净即可。

  h. 药膏渍的去除 先用溶剂汽油或酒精刷洗后,再用四氯化碳或苯刷洗,最后用优质洗涤剂清洗干净。也可以先用三氯甲烷刷洗,再用洗涤剂洗涤,最后用清水漂净。还可以把加热后的食用碱面撒在污处,再加些温水进行揉搓,即可除去。

  i. 铁锈渍的去除 衣物上的铁锈渍,可用1%温热的草酸水溶液浸泡后,再用清水漂洗干净。也可用15%醋酸水溶液擦拭污渍,或者将沾污部分浸泡在该溶液里,次日再用清水漂洗干净。也可用10%柠檬酸水溶液或10%草酸水溶液将污处润湿,然后浸泡在浓盐水中,次日再用清水洗涤漂净。白色纯棉或棉混纺织物沾上了铁锈,可取一点点草酸放在污渍处,用温水润湿,轻轻揉搓,然后再用清水漂洗干净。操作中,为了防止草酸腐蚀织物,操作动作要迅速。也可用鲜柠檬汁滴在锈渍上,用手揉搓,反复几次,直到锈渍除去再经洗涤液洗涤后用清水漂净。

  j. 铜绿锈的去除 铜绿有毒,衣物被污染上时要小心处理。其渍可用20%~30%碘化钾水溶液或10%醋酸水溶液热焖,并要立刻用温热的食盐水擦拭,最后用清水洗净。

  k. 硝酸银渍的去除 硝酸银在医药及感光材料中应用广泛。这种物质接触到皮肤或织物上,会呈黑色斑点污渍。除掉方法:用氯化铵和氯化汞各2份,15份水,配成混合溶液。用棉团蘸上这种混合液擦拭污渍处,污渍即可除去。还可以将沾有硝酸银污渍的衣物浸入微热的10%大苏打(硫打硫酸钠)水溶液中,然后用洗涤剂水洗后,再用清水漂洗干净。

  l. 高锰酸钾渍的去除 高锰酸钾俗称灰锰氧,人们常用它来做外科手术器具和水果消毒剂。当衣物上沾染了高锰酸钾,可用维生素C药片蘸上水,涂在污渍处轻轻擦拭,边蘸水边擦,即可将污渍去除。手上沾染高锰酸钾污渍,也要用此方法去除。

  也可以用柠檬酸或2%草酸水溶液浸泡,通过化学反应,污渍即可除去。这种方法适用于各种质料和颜色的衣物去渍。

  m. 酱油渍的去除 衣物上沾染了酱油渍可用冷水搓洗,再用洗涤剂洗涤。被酱油污染时间较长的衣物要在洗涤液中加入适量的氨水(4份洗涤溶液中加入1份氨水)进行洗涤。丝、毛织物可用10%柠檬酸水溶液进行洗涤。最后都要用清水漂净。

  n. 黄泥渍的去除 衣物染上了黄泥渍,待黄泥渍晾干后,用手搓或用刷子刷去浮土,然后用生姜涂擦污渍处,最后用清水漂洗,黄泥渍即可去除。

  o. 巧克力迹、茶水渍的去除 衣物上的巧克力迹与茶印,一般使用浓度为10%的氨水1份与水10份配成的稀氨水溶液浸湿,再用棉球蘸取此液揩擦,直至干净。洗涤后如仍有残留,未洗干净,那就要用浓度3%双氧水溶液揩擦,再用清水漂洗至干净为止。

  倘若是淡浅色的毛丝织品上有较深的巧克力迹与茶印时,应用棉团沾上温热的(35℃)甘油揩洗,直至去除;还可以用汽油浸润,去掉斑痕上的全部油脂,再用浓度为10%的氨水溶液擦拭,其中,氨水与水的比例应为1:5。当丝织品上的巧克力迹与茶印很难去除时，可改用 10％氨水 1 份、甘油 20 份和水 20 份配成甘油氨水溶液，用棉球蘸擦。

衣物沾上了茶水渍，如果是刚染上的可用 70～80℃的热水揉洗去除。如果是旧渍，就要用浓盐水浸洗。还可以用布或棉团蘸上淡氨水擦拭茶渍处，或用 10％氨水和甘油混合液搓洗去除。如果被污染茶渍的是衣物毛料，则应采用 10％甘油溶液揉搓，再用洗涤剂搓洗后，最后用清水漂洗干净。

p. 水果汁与红葡萄酒斑痕的清洗　服装上的水果汁与红葡萄酒斑痕，有几种清洗方法，可根据情况选用。

当水果汁或红葡萄酒溅到白色衣物上时，先用乳汁浸泡，再用洗衣粉进行常规清洗。

对刚溅到衣物上的新鲜水果汁或红葡萄酒，应立即换下，用食盐撒在上面，然后用清水洗，再用洗衣粉或肥皂洗涤。

颜色鲜艳的水果汁或红葡萄酒，可用蛋黄 1 只、甘油 50g 的混合物涂在斑痕上，过半天后，再用 25～30℃的温水洗净。

q. 大面积泛黄的衣物　可浸在淘洗大米的淘米水中，每天换一次淘米水，大约 3d 后，黄渍即可脱净，最后用清水漂洗干净即可。

⑧ 清洗服装上来历不明的污迹　日常生活中，衣物上常会出现一些来历不明的污迹，待到发现之后又想不起从何而来，故往往不能"对症下药"，因而采用比较通用的清洗方法较为有效。

a. 白色衣物上的污迹：可用浓度为 10％的氨水 4 份、苏打（碳酸钠）1 份、上等白肥皂 2 份、酒精 4 份与水 100 份进行混合，用布块蘸上该混合液将污迹湿润后，擦拭至污迹去除，再用清水冲洗干净。

b. 任何织物上的污迹：都可以用浓度为 10％的氨水 5 份、丙酮 3 份和酒精肥皂液 20 份混合后擦拭。也可以使用浓度为 90％的酒精 1 份、乙醚 1 份、纯净松节油 8 份的混合液进行擦拭，再用清水冲洗干净。

思考题

通过查阅资料，分组讨论化学是如何影响我们的日常生活的。

Chapter 07

第 7 章
绿色化学与清洁生产

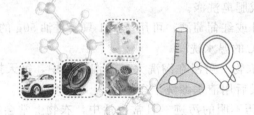

7.1 绿色化学
7.2 清洁生产
7.3 生态工业
7.4 循环经济
7.5 清洁生产和循环经济

在现今社会中，一提起"化学"，很多人都要紧皱双眉，因为他们都认为"化学"是引起环境污染的源泉。其实，这完全是因为对"化学"这门科学缺乏全面认识而造成的一种误解，只要你留心观察和仔细地思考一下，在我们的衣食住行以及战胜疾病等方面，样样都离不开化学家的帮助，可以毫不夸张地说，人类的生活离不开化学的发展。诚然，化学品和化工生产造成了环境污染，但是"解铃还需系铃人"，相信化学家能够利用提倡绿色化学和清洁生产以及防止污染、治理污染的方法来消除环境污染，使化学及其生产过程成为环境的朋友。

绿色化学也称可持续化学（Sustainable Chemistry）、环境无害化学（Enviromentally Benign Chemistry）、环境友好化学（Enviromentally Friendly Chemistry）、清洁化学（Clean Chemistry）等，它强调人口、社会、经济、环境和资源的协调发展，既要发展经济，又要保护自然资源和环境，使子孙后代能持续发展。绿色化学的理想在于不再使用有毒、有害的物质，不再产生废物，不再处理废物，它是一门从源头上阻止污染的化学。

原子经济性（Atom economy）是绿色化学的核心内容，这一概念最早在1991年由美国Stanford大学的著名有机化学家Trost提出。绿色化学的"原子经济性"是指在化学品合成过程中，合成方法和工艺应被设计成能把反应过程中所用的所有原材料尽可能多地转化到最终产物中。化学反应的"原子经济性"概念是绿色化学的核心内容之一。理想的原子经济反应是原料分子中的原子百分之百地转变成产物，不产生任何副产物或废物，实现废物的"零排放"。用原子利用率衡量反应的原子经济性，认为高效的有机合成应最大限度地利用原料分子中的每一个原子，使之结合到目标产物的分子中。绿色化学的原子经济性的反应有两个显著优点：一是最大限度地利用了原料；二是最大限度地减少了废物的排放。

事实上，化学品及其在生产过程中或多或少会对人类产生负面影响，绿色化学是设计没有或尽可能小的对环境产生负面影响的，并在技术上、经济上可行的化学品和化学过程的科学，其目的是用化学方法在化学过程中预防污染。"预防污染"是清洁生产的要点所在。清洁生产的重点在于：①设计比现有产品的毒性更低或更安全的化学品，以防止意外事故的发生；②设计新的更安全的、对环境良性的合成路线，例如尽量利用新型催化剂、仿生合成等，使用无害和可再生的原材料；③设计新的反应条件，减少废弃物的产生和排放，以降低对人类健康和环境产生的危害。

7.1　绿色化学

科学技术的飞速发展，深深地影响了我们的生活、环境以及思维方式，并不断地改变我们的社会。我们拥有了快速便捷的交通工具，如汽车、飞机等，同时也带来了空气污染的问题；种类繁多的食品添加剂改善了食品的色、香、味，但使用不当也导致了食品污染事件的频发；化肥、农药的使用大大缓解了粮食作物短缺的状况，但是在过度使用的同时给土壤、水质以至于食物本身带来了污染；手机、电脑的使用改变了人们的生活方式，使生活更加便利，但电磁辐射可能对人体健康产生不利的影响。这一切都说明科学技术的飞速发展在带给人类无限恩惠的同时，也引发了许多问题。

尤其是化学品确实极大地丰富了人类的物质生活，提高了生活质量，并在控制疾病、延长寿命，增加农作物品种和产量，在食物的储存和防腐等方面起到了重要作用。但在生产、使用这些化学品的过程中也产生了大量的废物，污染了环境。目前全世界每年产生3亿～4亿吨危险废物，解决污染已成为21世纪人类环境问题的巨大挑战。世界各国对环境问题日益重视，环境保护、环境治理的力度也越来越大。但是，先发展、后治理的传统方式使环境问题越来越严重。人们认识到既不能走"先污染、破坏，后治理、恢复"的道路，也不应该走"边污染，边治理"的道路，而应该是采取积极的态度。只有从污染源头杜绝污染的产生，才是主动的、高效的治本举措，在设计的同时就必须设计解决污染的问题。那么，能否在创造物质财富的同时又不产生环境污染？即如何在经济发展的同时注意保护环境和改善环境，为可持续发展提供物质基础，为子孙后代创造更好的生存空间和发展条件呢？

绿色化学因此诞生了！

这一部分我们将详细地介绍什么是绿色化学。包括绿色化学的定义、绿色化学的特点、绿色化学的手段、绿色化学的原则和绿色化学对我们生活的影响等。

7.1.1 绿色化学的定义

1992年，里约热内卢会议提出了"绿色科技"的概念，并指出"环境科学家的任务不再局限于环境污染的治理，而是要求对环境污染进行有效控制和对污染的环境进行修复，以及从污染源头开始杜绝环境污染物的产生"。由于"绿色"的概念是一种全新的概念，代表了一种全新的生产模式。因此，至今对它的定义和理解还没有完全统一，出现了各种专业名词，如绿色化学、清洁生产、洁净技术、环境友好技术、零排放等。

绿色化学的定义：绿色化学，又称为环境无害化学、环境友好化学或清洁化学，它的研究目的是利用化学原理和方法来减少或消除对人类健康、社区安全、生态环境有害的反应原料、催化剂、溶剂和试剂、产物、副产物的使用和产生的一门新兴学科，是利用化学来防止污染的一门科学。绿色化学是当今国际化学科学研究的前沿，它吸收了当代化学、物理、生物、材料、信息等科学的最新理论和技术，具有明确的社会需求和科学目标。绿色化学的目标是寻找充分利用原材料和能源，且在各个环节都采用洁净和无污染的反应途径及工艺。

绿色化学的具体内涵体现在五个"R"上。

(1) 减量——Reduction "减量"是从节省资源、无污染、零排放角度提出的，包括两层意思：①利用最少的能源和消耗最少的原材料，获得最多的产品。理想的转化过程是"原子经济反应"，即原料分子中的原子百分之百地转变成产物，不产生副产物或废物，实现废物的"零排放"。减少资源用量的有效途径之一是提高原料转化率，提高能源利用率，减少"原子"损失率。②减少"三废"排放量，主要是减少废气、废水及废渣的排放量，目前情况下，"三废"排放量必须降低到一定标准以下，要努力实现"三废"的"零排放"。

(2) 重复使用——Reuse 重复使用是指实际工业生产中，能多次使用的物质应该不断被重复使用。重复使用不仅是降低成本的需要，更是减少废料的需要。例如化学工业生产过程中的催化剂及其载体、反应介质、分离和配方中所用的溶剂等，不仅必须保证无毒、无害、无腐蚀性，真正实现绿色化，而且从一开始在进行工艺流程设计时就应该考虑物料的循环利用工艺。当然，为了更好实现有关物质的重复使用，必须选择稳定性好，容易分离的催化剂、介质和溶剂。

（3）回收——Recycling　回收是指对工业生产过程中与产品无关的物质或生活废弃物进行全面的回收。回收可以有效实现"省资源、少污染、减成本"的要求。回收包括：回收未反应的原料，回收副产物（含"三废"），回收溶剂、催化剂、反应介质等非反应试剂，回收生活固体废物等。化工产生中原材料的循环使用、废旧金属、塑料等其他用品的回收，都是常见的回收方式。

（4）再生——Regeneration　再生包括废旧物质的再生利用，也包括可再生能源、原材料的利用等。再生是变废为宝、节约资源、减少污染的有效途径，它要求化工产品生产在设计的开始，就应考虑到有关产品的再生利用，特别是高分子材料产品的再生显得尤为重要。同时，在能源与资源的开发与利用过程中，也要考虑能源与资源的可再生性，例如，通过有机玻璃的热降解回收甲基丙烯酸甲酯、从生物质废物中制取燃料乙醇等。

（5）拒用——Rejection　拒绝使用是实现生产、生活绿色化的最根本办法。一方面是指拒绝使用非绿色化的工业产品、食品、生活用品等；另一方面是指拒绝在生产过程中使用那些有毒、有害，无法替代，又无法回收、难以再生和重复使用的原料及辅助材料等。

简单地讲，绿色化学的现代内涵体现在以下五个方面：①原料绿色化，以无毒、无害、可再生资源为原料；②化学反应绿色化，选择"原子经济性反应"；③催化剂绿色化，使用无毒、无害，可回收的催化剂；④溶剂绿色化，使用无毒、无害，可回收的溶剂；⑤产品绿色化，可再生、可回收。

绿色化学是更高层次的化学，化学家不仅要研究化学品生产的可行性和现实用途，还要考虑和设计符合绿色化学要求、不产生或减少污染的化学过程。这是一个难题，也是化学家面临的一项新的挑战。在经济、资源、环境三大要素的相互关系之中，绿色化学的作用与地位日益明显和重要。近年来，绿色化学的概念越来越多地被称作"绿色与可持续化学"。如果说"可持续发展"是人类关于生存和发展思想的高度概括的话，那么"绿色"则是这一思想生动、形象的表达。倡导"绿色化学"化学，是对人和自然和谐相处境界的执著和渴望。

7.1.2　绿色化学的特点

绿色化学不是一门独立的学科，它是一种战略方针、一种指导思想、一种研究政策。从科学观点来看，绿色化学是化学科学基础内容的更新；从环境观点来看，它是从源头上消除污染；从经济观点来看，它合理利用资源和能源、降低生产成本，符合经济可持续发展的要求。

目前，绿色化学作为未来化学工业发展的方向和基础，越来越受到各国政府、企业和学术界的关注。我国在环境资源、环境容量方面，总量虽大但人均量相当小。我国经济生产的特点是工业技术水平整体不高，工业生产的能源和资源消耗大并且污染严重（粗放型经济）。"全面规划，合理布局，综合利用，化害为利，依靠群众，大家动手，保护环境，造福人民"的中国环境保护方针，明确了环境污染的综合防治思想，是将环境作为一个有机整体，根据当地的自然条件，按照污染物的产生、变迁和归宿的各个环节，采取法律、行政、经济和工程技术相结合的措施，防治结合，以防为主，以期最大限度地合理利用资源、减少污染物的产生和排放，用最经济的方法获取最佳的防治效果，以实现资源、环境与发展的良性循环。

7.1.3 绿色化学的手段

当处于工艺设计阶段的时候，就应该开始考虑一个化学品或者化学过程对环境和健康的影响。因为化学品的种类和化学的转化是千变万化的，被提出来的、对这些问题的解决的绿色化学方案也是多种多样的。这些解决问题的方法可以分为以下几类。

(1) 非传统底物/起始物　一个反应类型或一条合成路线在很大程度上是因起始物的最初选择而定的。当起始物被选定以后，接下来将会有许多由此而来的不同的工艺选择。原料的选择不论对合成路线的效率还是该过程对环境和健康的影响都是一个至关重要的因素。因此，原料的选择在绿色化学的决策过程中是非常重要的。

例如，在美国众多的有机合成的化学品中，98%是从石化原料制备的，石油精炼过程所耗能源占美国总能源消耗的15%，并且由于劣质原油的出现使得原油的精炼要消耗更多的能源。可以考虑利用非传统原材料来减少对石油原料的依赖从而降低能源的消耗。

一般来说，农业性原料和生物性原料是很好的非传统原材料。因为这些起始原料的分子中多数含有大量的氧原子，用它来取代石油为起始原料可以消除污染严重的氧化步骤，而且，操作起来危害性小很多。另外，这些原料取之不尽。许多农产品能够代替石油转化成日用消费品，如玉米、土豆、大豆和蜂蜜转化成纺织品、尼龙等。

(2) 非传统试剂　在把一个指定的起始物转化成目标分子的过程中，合成化学家已经确定了所需要的结构修饰。尽管每一个合成步骤的目的是明确的，但是在设计该步合成时，往往没有确定所需要的试剂。这个时候，我们就要均衡效益、原料供应及影响等各方面的因素以评价出进行该步转化的最佳试剂。

理想的试剂既要具有原子经济性，同时不产生"三废"，或"三废"可以彻底根除。

(3) 非传统溶剂　绿色化学研究的一个重要方面是围绕着进行合成转化时反应介质的选择。因为化学合成多是在溶液中完成的，许多常用的溶剂易燃易爆并且很容易挥发，当被排放到大气时，将会造成有害烟雾。

在进行有机合成时，尽管传统的有机溶剂人们更熟悉、以前更经常被使用，但是非传统溶剂，如水相体系、离子液体、固定化的溶剂、树状聚合物和两亲性星状高分子以及超临界流体已被越来越多地用于合成。例如，超临界二氧化碳流体，是很多有机化合物的优良溶剂，无毒，与产物易分离并且能回收，正代替很多有机溶剂被用作各种各样化学反应的溶剂。

(4) 非传统产物/目标分子　尽管一个合成试剂常常是为了某一特定的目标分子，但实际上是要获得合成任何一种具有某种特定功能或性能的化学物品的能力。多年以来，医药工业一直在研究设计更安全的化学品。对药物来说，其目标是最大限度地获取药物的药效，并最大限度地减少或消除该药物的毒副作用。同样的原则也可以应用到其他的化工产品中。

在主要是为了获取功能的情况下，为了既能够保持功效，又能降低毒性或其他危害性而进行的分子修饰是绿色化学的目的之一。在设计更安全的化学品时，人们需要找到分子中不想要的和有毒的那一部分，然后在保持该分子原有功能的前提下减轻和消除其毒性。在许多情况下，毒性部分和功能部分相互交叠，给研究工作带来了很大的挑战。

(5) 在线分析化学　在线分析化学指的是在化学合成过程中对反应状态的实况测定，并能够依分析的结果来改变反应的条件，使反应按照人们设定的路线进行，避免因反应工艺参数控制不当而产生的更多的次品和废料。

(6) 非传统催化剂　催化剂的加入能提高反应速率。但很多传统催化剂具有较大的毒性或是较难回收利用，不符合绿色化学的要求。因此，非传统催化剂的研发和使用至关重要。

例如在由乙炔与氯化氢反应生产氯乙烯的过程中，传统的工艺要使用氯化汞作催化剂，但氯化汞的毒性很大，并且产生的含汞废水很难处理。因此，人们在不断地探索非汞催化剂，期望能用非汞催化剂替代传统的氯化汞催化剂，彻底根除汞的污染。

7.1.4　绿色化学对社会的影响

要预防化学污染，最关键的问题应该是培养具有环境保护意识的人，树立可持续发展的理念。为了适应环境保护和可持续发展的要求，只有真正在观念上进行绿色革命，即人文社会领域宣传绿色伦理、科技界坚持绿色科技观、政府推行绿色政策、人人开始绿色行动，世界的明天才会更美好，中国在国际舞台上才会具有可持续的竞争力，我们的未来才会充满绿色。

(1) 生活　绿色食品、绿色冰箱、绿色汽车、绿色照明等绿色产品与绿色消费。

在生活方面，人们开始追求绿色消费、使用绿色产品。目前人们最熟悉的绿色产品可能是绿色食品。国际组织对于绿色食品（国际上称之为有机食品）尚无统一的定义，一般指尽量避免使用化学肥料和农药栽培、加工过程中尽可能少用或不用食品添加剂的食品，尽管它们的价格比普通食品高出很多，但在欧洲有85%以上的消费者宁愿高价购买绿色食品。

绿色冰箱也因进入电视广告而成为人们知晓的绿色产品之一，它是指耗电量少、结构简单、不用氟利昂制冷剂的冰箱。使用气体燃料的或其他新能源的绿色汽车也开始已经投入使用。据介绍，作为绿色汽车，其必须具备两方面的特征：一是改进动力，如电动汽车和以天然气、甲醇、太阳能等传统非燃料油驱动的汽车；二是制造材料能回收利用，美国每辆汽车重量的75%都已得到重新回收利用。

在照明方面，1992年美国环境保护局提出了绿色照明工程，具体的计划内容是：采用高效少污染光源，提高照明质量，提高劳动生产率和能源有效利用的水平，节约能源、减少照明费用、减少火电工程建设、减少有害物质排放，进而达到保护人类生存环境的目的。1996年10月，中国绿色照明工程也在北京全面启动。

(2) 工作　绿色标志、绿色企业、绿色制造、绿色公关等工业生态学与绿色经济。

随着上述生活方面绿色产品的产生，人们在购物时开始认准绿色标志，迫使企业执行ISO 14000系列环境管理标准。绿色标志又称环境标志、生态标签、蓝色大使等，是经过严格检查、检测与综合评定后由国家专门委员会批准使用的证明性标签，它表明该产品不仅质量合格，而且在生产、使用、消费和处置等过程中也符合特定的环境要求，与同类产品相比具有无毒、无害或低毒少害、节约资源等环境优势。企业在追求ISO 9000系列认证的同时，必须遵循ISO 14000标准，方可在日益激烈的市场竞争中立于不败之地。

要成为绿色企业，首先必须做到绿色制造，即做到：从绿色资源理论出发有序地使用再生资源，通过对产品寿命全周期进行环境保护考虑的绿色设计，用无（少）公害化的绿色技术实现生产，最后用可回收材料或生物降解材料对产品进行绿色包装等。

要成为绿色企业，还必须通过绿色公关，打破绿色壁垒，实现绿色贸易。目前，绿色产品和绿色消费主导着国际贸易的新潮流，而且以12%~20%的速度增长。

总之，在我们的工作领域，从资源利用到产品设计，从厂家生产到公司贸易，它们都在被"绿色化"，所有这一切实践活动和有关学者进行的"环境意识是一种消费需求"等环境意识的经济学理论分析，都向我们昭示着绿色经济的来临，非绿色产品将会逐渐被市场淘汰。

(3) 娱乐　绿色观光、绿色休闲、绿色奥运　生态旅游是当今世界旅游的一个主要方向，中国把1999年确定为生态旅游年。在德国、芬兰等国的旅游饭店中，都已经从环保出发不再统一提供牙刷、牙膏、梳子、拖鞋、洗发液等一次性用品，泰国也是如此。韩国，不再使用一次性筷子。

网络时代的来临，电脑在工作和娱乐领域占着日益重要的地位。为了避免废旧电脑造成环境污染，中国台湾的环保人士曾将电脑主板等材料制成时装，旨在提醒人们注意电子垃圾的污染和回收利用。据报道，在美国和德国，绿色电脑不仅材料可以再利用，而且能大幅度节省电能。

奥运会是全人类最大的"集体娱乐"项目，2008年北京奥运会倡导"绿色奥运"，要求人们尽量少开私家车，降低汽车废气排放、垃圾进行分类和回收，如为了及时回收垃圾，在所有的地方都设立了垃圾箱，且距离很近，被《羊城晚报》等誉为"1秒钟环保"。

(4) 人文社会　绿色伦理　针对全球绿色浪潮的反思，有关哲学工作者从人文社会的角度提出了绿色伦理，他们的观点很值得人们深思。

"绿色"问题之所以成为当代最热门的话题，是因为人们日益感到人口膨胀、资源匮乏、环境污染、生态失衡等全球性危机已越来越严重地威胁到人类的生存与发展。人们开始意识到，所有这些危机的出现，并不是地球本身的背信弃义，而是我们人类的自身行为所致，它们是自然对人类无节制行为的报复和惩罚，它们警示世人：必须善待地球，尊重自然，照拂环境，在人与自然之间建立起一种同生、共养、和谐的新型关系——这就是绿色伦理。

绿色伦理的4个特征：第一，它是对以往人-地关系的否定，要求人类在自然界面前彻底改变统治者、征服者的狂妄姿态，就像1996年清洁珠峰的中国志愿者站在世界屋脊上所发出的宣言那样："我们对自然的关系不再是征服而是和谐。"第二，绿色伦理是传统伦理的拓展，它认为不但人与人、人与社会之间的关系具有伦理性质，而且强调人与自然的关系也具有伦理道德性质，尊重地球就是尊重人类本身。第三，绿色伦理是人类认识的一次质的飞跃，是人类精神境界的一次升华，拓展了人类的视野，它不仅是对当代人共同利益的考虑，而且是对后代人长远利益的关注。第四，绿色伦理具有最广泛的普遍性，它是基于全人类的共同利益而提出的，因此不分阶级、不分民族、不分国界、不分行业、不分组织，是地球上所有公民都应该树立的伦理观念和遵守的伦理准则。

(5) 科技界：绿色科技观　在阐述绿色科技观之前，提出者先分析了"科技异化"现象：近代以来，科技以无坚不摧的力量，确立了人在人与自然的关系中的绝对优势地位。但科技的发展就像一元二次方程的一正一负的两个根：一方面，借助科技理性工具，人类在探索、开发大自然中创造了高度的物质文明；另一方面，大自然又以环境污染、气候异常、生态失衡、物种灭绝等威胁人类生存和发展的全球性危机反扑已用现代科技武装全身的人类。面对这一严峻的现实，有人把它归咎于科技，认为是"科技异化"现象。

基于对"科技异化"的认识，人们提出的绿色科技观的主要观点是：第一，科技是中性的，它是一把"双刃剑"，本身无对错，功过全在人，于人类有利还是有害全在人类自己；第二，人类应该以协调人与自然之间的关系为最高准则，以不断解决人类发展与自然界发展之间的矛盾为宗旨，利用科技与自然和平相处、和谐发展，努力避免负效应。

(6) 政府：绿色政策　政府应从环境保护和可持续发展的眼光出发，制定一系列绿色政策，主要有以下几点：①强化环境管理制度。目前，在环境执法过程中，执法不严的地方保护主义、"以罚代禁"的权钱交易行为尤为突出。②推行绿色产品标准。以人们最熟悉的绿色食品为例，现在我国绿色食品仅仅被作为促销手段，真正的绿色食品标准体系尚待大力推行和不断完善。正因为如此，人们普遍还缺乏对绿色产品的信心。因此，政府应有明确的政策加强对绿色产品的认证、宣传和推广。③制定绿色营销法规。目前，在全球领域，绿色产品因为成本更高，其价格普遍比一般产品要高。因此，政府要扶持绿色产品，应在销售时对一般产品征收"环境税"抵消与绿色产品的差价，或对绿色产品的销售实行退"环境税"政策，以鼓励绿色产品的生产与销售。

例如，德国曾经遭受严重的环境污染，但如今已是欧洲乃至全球环境保护最好的国家之一，同时也是环保产业最发达的国家之一，就是因为有鼓励绿色法律法规的作用。目前德国的环保业超过汽车制造业成为第一产业。又例如，我国制订了相关政策和投入了相当大的财力来推广节能产品（如节能灯、新能源汽车等）的使用等。

(7) 个人：绿色行动　作为对绿色制造、"清洁生产"的延续，有人提出了"清洁生活"的理论。于个人而言，人人自我开始绿色行动的宣传与实践也刻不容缓，例如为了保护野生资源，不以穿裘皮大衣为时尚，不以食山珍海味为高贵；为了美化城市环境，实行公交优先和垃圾分类等。

每位公民都应养成环境保护意识。例如，在生活中对生活垃圾要妥善处理，分类产生价值；使用节能产品如环保节能电池、太阳能热水器、节能灯等；不食野生保护的动、植物等；不使用难降解的一次性饭盒，少使用塑料袋；使用具有绿色环保标志的产品，如绿色冰箱、无磷洗衣粉；鼓励大家多骑自行车或坐公交车，减少单独用车等。

7.2 清洁生产

7.2.1 清洁生产的由来

先污染后处理的生产方式在经济上已不堪重负。比如，日本 SO_2 排放治理费用是预防费用的 10 倍；美国的污染治理费用在 1972 年为 260 亿美元（占 GNP 的 1%），1987 年为 850 亿美元，20 世纪 80 年代末达到 1200 亿美元（占 GNP 的 2.8%）。又如，美国的杜邦公司的废物处理费用以每年 20%～30%增加。上述这些数据表明，污染的预防重于污染的治理。清洁生产由此产生。

7.2.2 清洁生产的定义

（1）联合国环境署关于清洁生产的定义　清洁生产是一种创新性思想，该思想将整体预防的环境战略持续应用于生产过程、产品和服务中，以增加生态效应和减少人类及环境的风险。清洁生产包含 3 个方面的内容：

① 对生产过程　要求节约原材料和能源，淘汰有毒原材料，消减所有废物的数量和毒性。

② 对产品　要求减少从原材料提炼到产品最终处置的全生命周期的不利影响。

③ 对服务　要求将环境因素纳入设计和所提供的服务中。

（2）我国对清洁生产的定义　《中华人民共和国清洁生产促进法》第二条：本法所称清洁生产，是指不断采取改进设计、使用清洁的能源和原料、采用先进的工艺技术与设备、改善管理、综合利用等措施，从源头削减污染，提高资源利用效率，减少或者避免生产、服务和产品使用过程中污染物的产生和排放，以减轻或者消除对人类健康和环境的危害。

这一定义概述了清洁生产的内涵和具体措施。

① 内涵　清洁生产从本质上来说，就是对生产过程与产品采取整体预防的环境策略，减少或者消除它们对人类及环境的可能危害，同时充分满足人类需要，使社会经济效益最大化的一种生产模式。

② 具体措施　不断改进设计；使用清洁的能源和原料；采用先进的工艺技术与设备；改善管理；综合利用；从源头削减污染，提高资源利用效率；减少或者避免生产、服务和产品使用过程中污染物的产生和排放。清洁生产是实施可持续发展的重要手段。

7.2.3 清洁生产特点

(1) 清洁生产是一项系统工程　它是包括产品设计、能源与原材料的更新与替代、开发少废或无废清洁工艺、排放污染物处置及物料循环等的一项复杂系统工程。

(2) 重在预防和有效性　清洁生产是对产品生产过程产生的污染进行综合预防，以预防为主，通过污染物产生源的削减和回收利用，使废物减至最少，以有效防止污染的产生。

(3) 经济性良好　在技术可靠前提下执行清洁生产、预防污染的方案，进行社会、经济、环境效益分析，使生产体系运行最优化，即产品具备最佳的质量和价格。

(4) 与企业发展相适应　清洁生产结合企业产品特点和工艺生产要求，不仅满足了企业生产的发展要求，而且保护了生态环境和自然资源。

7.2.4 清洁生产的意义

清洁生产借助各种相关理论和技术，在产品的整个生命周期的各个环节采取"预防"为主的治污措施，达到"节能、降耗、减污、增效"的目标，实现环境效益、经济效益的可持续发展。

(1) 开展清洁生产是实现可持续发展战略的需要　可持续发展是一种从环境和自然资源角度提出的关于人类长期发展的战略和模式，它特别指出环境和自然的长期承载能力对发展进程的重要性以及发展对改善生活质量的重要性。

(2) 开展清洁生产是加快产业结构调整，促进经济增长方式转变的客观要求　我国环境污染严重的根本原因在于，我国的多数企业尚未从根本上摆脱粗放经营的方式，结构不合理，技术装备落后，能源原材料消耗高、浪费大、资源利用率低。现阶段转变经济增长方式已经刻不容缓，实施清洁生产可以进一步优化生产过程，调整产业结构，转变经济增长方式。

(3) 开展清洁生产是控制环境污染的有效途径　清洁生产彻底改变过去被动的污染控制手段，强调在污染产生前就予以削减，具有效率高、可带来经济效益、容易为组织接受等特点，已经和必将继续成为控制环境污染的一项有效手段。

(4) 开展清洁生产是提高企业市场竞争力的最佳途径　清洁生产通过工艺改造、设备更新、废物回收利用等途径实现"节能、降耗、减污、增效"降低了生产成本，提高组织的综合效益，从而提高了组织的市场竞争力。

7.2.5 清洁生产审核

(1) 定义　清洁生产审核，是指按照一定程序，对生产和服务过程进行调查和诊断，找出能耗高、物耗高、污染重的原因，提出减少有毒有害物料的使用、产生，降低能耗、物耗以及废物产生的方案，进而选定技术经济及环境可行的清洁生产方案的过程。

(2) 清洁生产审核的作用　清洁生产审核是通过对生产和服务过程进行调查和诊断，寻找尽可能高效率利用资源（如原辅材料、水、能源等）、减少或消除废弃物的产生和排放的方法和措施。

(3) 清洁生产审核的基本程序 ①筹划与组织；②预评估；③评估；④方案产生和筛选；⑤可行性分析；⑥方案实施；⑦持续清洁生产。

(4) 清洁生产方法学的三个逻辑步骤 ①现状调查（源头与强度）。何处产生废物、排放多少？②原因分析评估。为什么产生废物并导致排放？是否合理？能否削减？③形成方案。怎么样（采用什么措施）才能防止/减少废物的产生/排放？

(5) 废弃物产生原因的分析 废弃物产生原因的分析见图7-1。

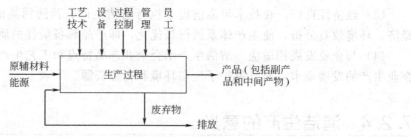

图7-1 废弃物产生的原因分析

分别从以下几个方面对废弃物产生原因进行分析：

① 原辅材料和能源 从原辅材料本身具有的特性：如毒性、难降解性等及使用的能源、直接产生废弃物、间接产生废弃物等方面进行分析。

② 工艺技术 先进技术可提高原材料的利用率，技术改造、预防污染是清洁生产的一条重要途径。

③ 设备 所采用的设备是否满足工艺技术的要求？以及设备的适应性、维护和保养情况及设备改进等方面。

④ 过程控制——生产操作 生产过程中是否按照生产操作规程和工艺技术规程的要求进行？工艺参数的控制是否是所要求的范围内？

⑤ 产品 生产过程中副产物是否进行了回收利用？

⑥ 废弃物 只要离开生产过程就成为废弃物，废弃物本身特性决定可否现场再用，废弃物本身特性决定可否循环使用。

⑦ 现场循环回收回用 例如，回收洁净冷凝水，可用于锅炉房补给水；现场分类收集可回收的物料和废物；工艺余热的回收利用；多级洗涤水的逆流回用；废料的降级利用；工艺排水按水质分隔分流，分级使用等。

⑧ 管理 加强管理是企业发展的永恒主题，任何管理上的松懈均会严重影响到废弃物的产生。

⑨ 员工 员工素质、受教育水平及员工的工作积极性等方面。

7.3 生态工业

7.3.1 生态工业的提出

生态工业是清洁生产的未来。

清洁生产从局部来讲，可以达到污染预防和废物最少量化的目标，然而从整个人类生存环境来讲，怎样才能更有效地达到最大程度的清洁生产呢？

有人提出，是否可以参照已经经历了数十亿年发展历程，目前依然欣欣向荣的地球生态系统，从整体上重新规划工业体系，对其进行一场革命性的调整和再造，使得工业系统达到集成生产模式的最完美的形式——生态工业园。这种体系"完全可以像一个生物生态系统那样循环运行：植物吸取养分，合成枝叶，供食草动物食用，食草动物本身又为食肉动物所捕食，而它们的排泄物和尸体又成为其他生物的食物。"生态工业被提出，见图 7-2。

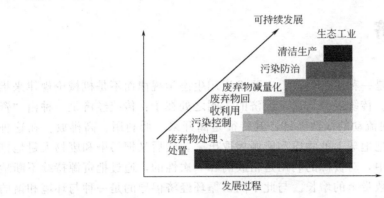

图 7-2　生态工业

7.3.2　生态工业对社会的影响

生态工业革命这一理念付诸实践将对社会产生深刻影响。

(1) 对社会生活方式的影响　我们每个人、每个城市所消耗的能源物质远远超过本身占据的空间所能提供的，这些负担将由更大范围的地球生态系统来承载。我们将之比喻为"生态脚印"。不同的生活方式产生的"生态脚印"大小是不一样的，纽约的城市居民与非洲土著部落相比，可能相差几十倍甚至上百倍。生态工业要求减小"生态脚印"，在不降低生活水平的前提下，尽量就地取材，提高能源和物质的使用效率，回收利用各种废弃物。比如，德国对不同来源的产品的生态负担进行量化，并公之于众，让有环保意识的公众自己选择。其结果，最直接的就是使需要长途运输的产品丧失竞争力。因为运输行为本身的"生态脚印"就大得惊人，而那些本地化的服务将受到市场的青睐。

(2) 组织形式的改变　园区内，各个企业排出的废弃物都成为了其他企业可利用的原材料，如废纸回收起来制造再生纸，生活垃圾的可燃性物质被制成固体燃料，建筑废弃物用作建筑材料，厨房垃圾作堆肥原料，废塑料作为炼铁的还原剂等。在这里，没有真正意义上的废弃物，更没有浪费，名副其实地实现了"物尽其用"。

目前国际上最成功的生态工业园区是丹麦的卡伦堡生态工业区。该园区以发电厂、炼油厂、制药厂和石膏制板厂 4 个厂为核心企业，把一家企业的废弃物或副产品作为另一家企业的投入或原料，通过企业间的工业共生和代谢生态群落关系，建立"纸浆-造纸""肥料-水泥"和"炼钢-肥料-水泥"等工业联合体。这样，不仅降低了治理污染的费用,而且企业也获得了可观的经济效益。

7.3.3 生态工业的前景

人类仅用了200多年的时间就建立了现代工业文明体系,但是,在实现工业化和城市化的进程中,遇到了前所未有的环境污染和生态破坏问题,从污染的治理到清洁生产的提出,人们越来越认识到,只有采用这种有前瞻性的、与环境友好的、体现生态效率的生态工业发展模式,才能实现工业的可持续发展。

循环经济

循环经济,本质上是一种生态经济,它要求运用生态学规律而不是机械论规律来指导人类社会的经济活动。传统经济与循环经济的不同之处在于:传统经济是一种由"资源-产品-污染排放"单向流动的线性经济,其特征是高开采、低利用、高排放。在这种经济中,人们高强度地把地球上的物质和能源提取出来,然后又把污染和废物大量地排放到水系、空气和土壤中,对资源的利用是粗放的和一次性的,通过把资源持续不断地变成废物来实现经济的数量上的增长。与此不同,循环经济倡导的是一种与环境和谐的经济发展模式。它要求把经济活动组织成一个"资源-产品-再生资源"的反馈式流程,其特征是低开采、高利用、低排放。所有的物质和能源要能在这个不断进行的经济循环中得到最合理和持久的利用,以把经济活动对自然环境的影响降低到尽可能小的程度。循环经济为工业化以来的传统经济转向可持续发展的经济提供了战略性的理论模式,从根本上消解了长期以来环境与发展之间的尖锐冲突。"减量化、再利用、再循环"是循环经济最重要的实际操作原则。

7.4.1 循环经济的基本特征

传统经济是"资源-产品-废弃物"的单向线形过程,创造的财富越多,消耗的资源和产生的废弃物就越多,对环境资源的负面影响也就越大。循环经济则以尽可能少的资源消耗和环境成本,获得尽可能大的经济和社会效益,从而使经济系统与自然生态系统的物质循环过程相互和谐,促进资源可持续利用。因此,循环经济是对"大量生产、大量消费、大量废弃"的传统经济模式的根本变革。其基本特征是:在资源开采环节,要大力提高资源综合开发和回收利用率;在资源消耗环节,要大力提高资源利用效率;在废弃物产生环节,要大力开展资源综合利用;在再生资源产生环节,要大力回收和循环利用各种废旧资源;在社会消费环节,要大力提倡绿色消费。

循环经济作为一种科学的发展观、一种全新的经济发展模式,具有自身的独立特征,专家认为其特征主要体现在以下几个方面:

(1) 新的系统观 循环是指在一定系统内的运动过程,循环经济的系统是由人、自然资源和科学技术等要素构成的大系统。循环经济观要求人在考虑生产和消费时不再置身于这一大系统之外,而是将自己作为这个大系统的一部分来研究符合客观规律的经济原则,将"退田还湖""退耕还林""退牧还草"等生态系统建设作为维持大系统可持续发展的基础性工程来做。

(2)新的经济观 在传统工业经济的各要素中,资本在循环,劳动力在循环,但自然资源没有形成循环。循环经济观要求运用生态学规律,而不是仅仅沿用19世纪以来机械工程学的规律来指导经济活动。不仅要考虑工程承载能力,还要考虑生态承载能力。在生态系统中,经济活动超过资源承载能力的循环是恶性循环,会造成生态系统破坏和退化;只有在资源承载能力之内的良性循环,才能使生态系统平衡地发展。

(3)新的价值观 应用循环经济的观点在考虑自然时,不再像传统工业经济那样将其作为"取料场"和"垃圾场",也不仅仅视其为可利用的资源,而是将其作为人类赖以生存的基础,是需要维持良性循环的生态系统;在考虑科学技术时,不仅考虑其对自然的开发能力,而且要充分考虑到它对生态系统的修复能力,使之成为有益于环境的技术;在考虑人自身的发展时,不仅考虑人对自然的征服能力,而且更重视人与自然和谐相处的能力。

(4)新的生产观 传统工业经济的生产观是最大限度地开发利用自然资源,最大限度地创造社会财富,最大限度地获取利润。而循环经济的生产观是要充分考虑自然生态系统的承载能力,尽可能地节约自然资源,不断提高自然资源的利用率,循环使用资源,创造良性的社会财富。在生产过程中,循环经济观要求遵循"3R"原则:资源利用的减量化(Reduce)原则,即在生产的投入端尽可能少地输入和消耗自然资源;产品的再利用(Reuse)原则,即尽可能延长产品的使用周期,并在多种场合使用;废弃物的再循环(Recycle)原则,即最大限度地减少废弃物的排放,力争做到排放的无害化,实现资源的再循环。同时,在生产中还要求尽可能地利用可循环再生的资源替代不可再生资源,如利用太阳能、风能和农家肥等,使生产合理地依托在自然生态循环之上;尽可能地利用高科技,尽可能地以知识投入来替代物质投入,以达到经济、社会与生态的和谐统一,使人类在良好的环境中生产生活,真正全面提高人民的生活质量。

(5)新的消费观 循环经济观要求走出传统工业经济"拼命生产、拼命消费"的误区,提倡物质的适度消费、层次消费,在消费的同时还要考虑到废弃物的资源化,建立循环生产和消费的观念。同时,循环经济观要求通过税收和行政等手段,限制以不可再生资源为原料的一次性产品的生产与消费,如宾馆的一次性用品、餐馆的一次性餐具、食品的过度包装和宾馆的豪华包间等。

7.4.2 关于循环经济的思考

循环经济是符合可持续发展理念的经济增长模式,它抓住了当前我国资源相对短缺而又大量消耗的症结,对解决我国资源对经济发展的瓶颈制约具有迫切的现实意义。循环经济"减量化、再利用、再循环"的"3R"原则的重要性不是并列的,它们的排列是有科学顺序的。现在学术界提出了"4R""5R""6R"原则,如除"3R"外加上"再组织""再思考""再制造""再修复"等,这些原则是针对某些不同层次或领域的,如管理层面、意识层面或某些行业领域层面提出的更加具体、具有针对性的原则,这具有合理性,但不能取代"3R"原则的基本性和普遍性。循环经济不是单纯的经济问题,也不是单纯的技术问题和环保问题,而是一项系统工程。另外,实施循环经济是有成本的经济。实施循环经济需要技术、投资和运行成本,是建立在资金流动基础之上的。实施循环经济还必须注意连接物质、能量循环利用在时间-空间配置上的可能性和合理性。我们应根据我国国情和各地实际形成有特色的循环经济发展模式。我国正处于工业化的中期阶段,还需要经历一个资源消耗阶段,这阶段投资率高,原材料工业增长速度快,特别是粗放型经济增长方式没有根本改变,资源浪费大,单位产值的污染物排放量高。因而必须注重两端,一方面从资源开采、生产消耗出发,提高资源利用效率;另一方面在减少资源消耗的同时,相应地削减废物的产生量。因此,我国发展循环经济是产业生态化与污染治理产业化的有机统一。中国循环经济的发展要注重从不同层面协调发展,即小循环(企业层面)、中循环(区域层面)、大循环(社会层面)加上资源再生产业。

党的十六届三中全会提出了"以人为本,全面、协调、可持续发展"的科学发展观,是我国全面实现小康社会发展目标的重要战略思想。党的十六届四中、五中全会决议中明确提出:要大力发展循环经济,把发展循环经济作为调整经济结构和布局,实现经济增长方式转变的重大举措。

循环经济与可持续发展一脉相承,并不矛盾,强调社会经济系统与自然生态系统和谐共生,是集经济、技术和社会于一体的系统工程。循环经济是以协调人与自然关系为准则,模拟自然生态系统运行方式和规律,使社会生产从数量型的物质增长转变为质量型的服务增长,推进整个社会走上生产发展、生活富裕、生态良好的文明发展之路,它要求人文文化、制度创新、科技创新、结构调整等社会发展的整体协调。经济效益的大小又是循环经济的目标函数,而物质、能量等的有效、合理循环是手段、途径。因而推进循环经济必须充分重视环境效益、社会效益与经济效益的协同,不可偏废。

7.4.3 根据国情,发展有中国特色的循环经济

循环经济为工业化以来的传统经济转向可持续发展的经济提供了战略性的理论范式,它为优化人类经济系统各个组成部分之间关系提供整体性的思路,能从根本上解决长期以来环境与发展之间的尖锐冲突,实现社会、经济和环境的统一,促进人与自然的和谐发展。我们应根据中国国情和各地实际形成有特色的循环经济发展模式。

发达国家在逐步解决了工业污染和部分生活型污染后,由后工业化或消费型社会结构引起的大量废弃物逐渐成为其环境保护和可持续发展的重要问题。在这一背景下,产生了以提高生产效率和废物的减量化、再利用及再循环为核心的循环经济理念与实践。发达国家的循环经济首先是从解决消费领域的废弃物问题入手,向生产领域延伸,最终旨在改变"大量生产、大量消费、大量废弃"的社会经济发展模式。如德国的循环经济起源于"垃圾经济",并向生产领域的资源循环利用延伸;日本的"循环型社会"也起源于废弃物问题,旨在改变社会经济发展模式。而我国正处于工业化的中期阶段,还需要经历一个资源消耗阶段,这阶段投资高、原材料消耗大,特别是粗放型经济增长方式

没有根本改变，资源浪费大，单位产值的污染物排放量高。因而必须注重两端，一方面从资源开采、生产消耗出发，提高资源利用效率；另一方面在减少资源消耗的同时，相应地削减废物的产生量。从我国目前对循环经济的理解和探索实践看，发展循环经济的根本目标是改变"高消耗、高污染、低效益"的传统经济增长模式，走出新型工业化道路，解决复合型环境污染问题，保障全面建设小康社会目标的顺利实现。所以，我国循环经济实践最先是从工业领域开始，其内涵和外延会逐渐拓展到包括清洁生产（小循环）、生态工业园区（中循环）和循环型社会（大循环）3个层面。

如何发展有中国特色的循环经济？我国循环经济的发展要注重从不同层面协调发展，即小循环、中循环、大循环加上资源再生产业（也可称为第四产业或静脉产业）。小循环——在企业层面，选择典型企业和大型企业，根据生态效率理念，通过产品生态设计、清洁生产等措施进行单个企业的生态工业试点，减少产品和服务中物料和能源的使用量，实现污染物排放的最小化。中循环——在区域层面，按照工业生态学原理，通过企业间的物质集成、能量集成和信息集成，在企业间形成共生关系，建立工业生态园区。大循环——在社会层面，重点进行循环型城市和省区的建立，最终建成循环经济型社会。资源再生产业——建立废物和废旧资源的处理、处置和再生产业，从根本上解决废物和废旧资源在全社会的循环利用问题。

我国发展循环经济方兴未艾，在理论和实践上还有待进一步深入探索；同时，我们可以借鉴发达国家的经验教训，形成后发优势。推动我国循环经济的发展，要以科学发展观为指导，以优化资源利用方式为核心，以技术创新和制度创新为动力，加强法制建设，完善政策措施，形成"政府主导、企业主体、公众参与、法律规范、政策引导、市场运作、科技支撑"的运行机制，逐步形成中国特色的循环经济发展模式，推进资源节约型和环境友好型两型社会的建设。

7.4.4 循环经济的立法

中国的循环经济立法主要体现在三个基本法律，即：2003年1月1日起实施的《清洁生产促进法》、2009年1月1日起实施的《循环经济促进法》和2014年通过的新《环保法》。

循环经济体系是以产品清洁生产、资源循环利用和废物高效回收为特征的生态经济体系。由于它将对环境的破坏降到最低程度，并且最大限度地利用资源，因而大大降低了经济发展的社会成本，有利于经济的可持续发展。对于我国而言，大力发展循环经济，是走新型工业化道路的必由之路。各级政府作为建立循环经济社会机制的主体，应抓紧制定相关的法规政策，逐步建立健全适应循环经济发展要求的管理体制和机制。

新《环保法》着重解决因长期粗放发展带来的环境问题，经济社会可持续面临的共性问题和突出问题，其主要更新了环境保护理念，完善了环境保护基本制度，强化了政府和企业的环保责任，明确了公民的环保义务，加强了农村污染防治工作，加大了对企业违法的处罚力度，规定了公众对环境保护的知情权、参与权和监督权，为公众有序参与环境保护提供了法治渠道。

7.5 清洁生产和循环经济

循环经济和清洁生产两者之间究竟有什么关系呢？对这个问题如果没有清楚的认识，就会造成概念的混乱、实践的错位，既冲击清洁生产的实施，也不利于循环经济的健康开展。清洁生产是循环经济的基石，循环经济是清洁生产的扩展。在理念上，它们有共同的时代背景和理论基础；在实践中，它们有相通的实施途径，应相互结合。

两个概念的提出都基于相同的时代要求：工业的增长方式建立在无情地掠夺自然的基础上，已经造成资源日趋耗竭、全球环境恶化。在可持续发展战略思想的指导下，1989年联合国环境规划署制定了《清洁生产计划》，在全世界推行清洁生产。1996年德国颁布了《循环经济与废物管理法》，提倡在资源循环利用的基础上发展经济。二者都是为了协调经济发展和环境资源之间的矛盾而应运而生的。我国的生态脆弱性远在世界平均水平之下，人口趋向高峰、耕地减少、用水紧张、粮食紧缺、能源短缺、大气污染加剧、矿产资源不足等不可持续因素造成的压力将进一步增加，其中有些因素将逼近极限值。面对名副其实的生存威胁，推行清洁生产和循环经济是克服我国可持续发展"瓶颈"的唯一选择。以工业生态学作为理论基础，为了谋求社会和自然的和谐共存、技术圈和生物圈的兼容，唯一的解决途径，就是使经济活动在一定程度上仿效生态系统的结构原则和运行规律，最终实现经济的生态化，亦即构作生态经济。有共同的目标和实现途径：虽然清洁生产在产生初始时，着重的是预防污染，在其内涵中包括了实现不同层次上的物料再循环外，还包括减少有毒有害原材料的使用，削减废料及污染物的生成和排放以及节约能源等要求，与循环经济主要着眼于实现自然资源，特别是不可再生资源的再循环的目标是完全一致的。从实现途径来看，循环经济和清洁生产也有很多相通之处。清洁生产的实现途径可以归纳为两大类，即原料和能源削减和再循环，包括：减少资源和能源的消耗，重复使用原材料，对物料和产品进行再循环，尽可能利用可再生资源，采用对环境无害的替代技术等，循环经济的"3R"原则就源出于此。

清洁生产与循环经济的区别和联系：两者最大的区别是在实施的层次上。在企业层次实施清洁生产就是小循环的循环经济，一个产品、一台装置、一条生产线都可采用清洁生产的方案，在园区、行业或城市的层次上，同样可以实施清洁生产。而广义的循环经济是需要相当大的范围和区域，如日本称为建设"循环型社会"。推行循环经济由于覆盖的范围大、链接的部门广、涉及的因素多、见效的周期长，不论是哪个单独的部门恐怕都难以担当这项筹划和组织的工作，因此政府要起协调指导作用。就实际运作而言，在推行循环经济过程中，需要解决一系列技术问题，清洁生产为此提供了必要的技术基础。特别应该指出的是，推行循环经济技术上的前提是产品的生态设计，没有产品的生态设计，循环经济只能是一个口号，而无法变成现实。

学习了这些知识，你有什么感受？对照一下你的生活，看看你离绿色时尚还有多远，这种时尚，是一种真正先进的时尚，是一种关怀地球、关注未来、关心文明延续和后代生存的时尚，是一种世纪性和世界性的时尚。

中国正以历史上较脆弱的生态系统，承受着历史上最多的人口和最大的发展压力，倘若我们因为一代人的享受断送了未来发展的根基，我们的民族会不会因此而面临危机？当人们不得不为空气、水、土壤等生存资源作殊死相争的时候，又如何去寻找经济的繁荣和政治的稳定？倘若我们因为一时的富裕和方便毁掉了中华文明的母土，十几亿之众的人口会不会成为世界上最大的一群生态难民？如果生养我们的土地遗弃了我们，又何处去寻找能够接纳我们的家园？

摒弃无节制损耗自然的生活主张，选择有利于环境的生活方式，坚持从身边的一点一滴做起，这应该是我们每一个人都可以做到的，个人的行为也许微不足道，但把我们每一个人的力量联合起来，便足以托起一种文明，一种与自然互惠共生的文明，一种可持续发展的文明。

清洁生产和循环经济是不分国界的，需要众多国家甚至全球的共同努力才能解决。我们只有一个地球，保护全球环境是全人类的责任。

思考题

1. 何谓绿色化学？
2. 通过查阅资料，说说清洁生产产生的背景。
3. 何谓清洁生产？清洁生产有什么意义？
4. 如何进行清洁生产的审核？
5. 何谓生态工业？
6. 清洁生产与循环经济有何区别和联系？
7. 查阅资料，说说你对我国实施可持续发展战略的认识。
8. "我们只有一个地球"，我们应如何从身边的小事做起？
9. 通过学习"化学与生活"课程，谈谈你对化学的认识。

参 考 文 献

[1] 刘旦初. 化学与人类. 上海：复旦大学出版社，2012.
[2] 柳一鸣. 化学与人类生活. 北京：化学工业出版社，2011.
[3] 赵雷洪，竺丽英. 生活中的化学. 杭州：浙江大学出版社，2013.
[4] 何晓春. 化学与生活. 北京：化学工业出版社，2013.
[5] 方明建，郑旭煦. 化学与社会. 武汉：华中科技大学出版社，2011.
[6] 周小力. 化学与生活. 北京：中国电力出版社，2010.
[7] 唐有祺，王夔. 化学与社会. 北京：高等教育出版社，1997.